Duden

Digital erfolgreich kommunizieren

Teamarbeit fördern, effektiv arbeiten, kreativ werden

Professionell, strukturiert und wirksam
in neuen Arbeitswelten

Von Ingrid Stephan

1. Auflage

Dudenverlag
Berlin

Die **Duden-Sprachberatung** beantwortet Ihre Fragen zu Rechtschreibung, Zeichensetzung, Grammatik u. Ä. **montags bis freitags zwischen 09:00 und 17:00 Uhr.**
Aus Deutschland: **09001 870098** (1,99 € pro Minute aus dem Festnetz)
Aus Österreich: **0900 844144** (1,80 € pro Minute aus dem Festnetz)
Aus der Schweiz: **0900 383360** (3.13 CHF pro Minute aus dem Festnetz)
Die Tarife für Anrufe aus den Mobilfunknetzen können davon abweichen.
Den kostenlosen Newsletter der Duden-Sprachberatung können Sie unter www.duden.de/newsletter abonnieren.

Bibliografische Information der Deutschen Nationalbibliothek
Die Deutsche Nationalbibliothek verzeichnet diese Publikation in der Deutschen Nationalbibliografie; detaillierte bibliografische Daten sind im Internet über http://dnb.dnb.de abrufbar.

D C B A
Bibliographisches Institut GmbH, Mecklenburgische Straße 53, 14197 Berlin

Redaktionelle Leitung Dr. Laura Neuhaus
Herstellung Alfred Trinnes
Layout Magdalene Krumbeck, Wuppertal
Satz Britta Dieterle, Berlin
Umschlaggestaltung 2issue, München
Umschlagabbildungen Headset (romzicon / Noun Project), chat (Luis Rodrigues / Noun Project), Smartphone (iconpacks / Noun Project), web browser (AliWijaya / Noun Project)
Druck und Bindung AZ Druck und Datentechnik GmbH, Heisinger Straße 16, 87437 Kempten

Printed in Germany

Bildnachweis S. 10 23WaysArt/Shutterstock.com; S. 16 nikolae/Shutterstock.com; S. 18 Maanas/Shutterstock.com; S. 23 Gebäude stockvit/Shutterstock.com, Geräte nikolae/Shutterstock.com; S. 28 Ordner Sabuhi Novruzov/Shutterstock.com, Birne Natcha Rochana/Shutterstock.com, Notiz Phumsky/Shutterstock.com, Doktor Arcady/Shutterstock.com, S. 29 Datei DStarky/Shutterstock.com, Personen Aisyah Az Zahra/Shutterstock.com, Tomate Nadiinko/Shutterstock.com, Lotus bsd/Shutterstock.com; S. 70 AF studio/Shutterstock.com; S. 78 Brief, Chat Erick Thompson/Shutterstock.com, Person mit Headset Watercolortheme/Shutterstock.com, Personen Aisyah Az Zahra/Shutterstock.com, Videokonferenz jp-evgen/Shutterstock.com; S. 113 sprechende Person Sergey Furtaev/Shutterstock.com; S. 114 Aisyah Az Zahra/Shutterstock.com

ISBN 978-3-411-74044-4

Auch als E-Book erhältlich unter: ISBN 978-3-411-91391-6
www.duden.de

PEFC
PEFC/04-31-2260

PEFC zertifiziert
Dieses Produkt stammt aus nachhaltig bewirtschafteten Wäldern und kontrollierten Quellen.

www.pefc.de

Inhaltsverzeichnis

Vorwort

Kommunikation und Teamarbeit sind in der Wissensgesellschaft essenzielle Faktoren, um Vorhaben und Projekte zum Erfolg zu bringen. Mit diesem Buch erhalten Sie die grundlegenden Methoden und Prinzipien zur Selbst- und Teamorganisation, um sowohl analog, hybrid als auch digital erfolgreich arbeiten zu können. Da in den Unternehmen unterschiedliche Plattformen und Tools verwendet werden, wurde auf ausführliche, spezifische Anleitungen verzichtet. Ziel ist es vielmehr, Ihre Softskills zu stärken und Ihnen ein Überblick über die Möglichkeiten der digitalen Zusammenarbeit zu verschaffen.

Die Arbeit auf Distanz etabliert sich zunehmend in den Unternehmen. Das hat Vorteile: Es entfallen Pendelzeiten und unter bestimmten Voraussetzungen lassen sich Phasen des ungestörten, konzentrierten Arbeitens im Homeoffice leichter realisieren als im Büro. Damit die Beschäftigten den Kontakt zum Unternehmen oder ihrer Organisation nicht verlieren, gibt es hybride Lösungen, bei denen die Mitarbeiter/-innen einen Teil ihrer Arbeitszeit im Homeoffice und einen Teil im Unternehmen verbringen. Die Präsenzzeiten können so intensiv für die Zusammenarbeit und für die interne, oft informelle Kommunikation genutzt werden. Durch eine adäquate technische Ausstattung lassen sich viele Arbeitsaufgaben virtuell erledigen. Dadurch erreichen die Beschäftigten mehr Flexibilität und mehr selbstbestimmtes Arbeiten für ihre Work-Life-Balance.

Flexibles Arbeiten erfordert eine hohe Eigenverantwortung und Selbstorganisation. Damit Ihnen das gelingt, erfahren Sie im ersten Kapitel, wie Sie Ihren Arbeitsplatz ergonomisch und sicher einrichten sowie Ihren Arbeitstag im Homeoffice gesundheitsfördernd gestalten.

Im zweiten Kapitel erhalten Sie einen Überblick über die digitalen Werkzeuge, die das Fundament für eine gute Selbstorganisierung bilden. Eine gute Selbstorganisation ist eine wichtige Voraussetzung für erfolgreiches Arbeiten im Team. Durch den richtigen Einsatz der Bürotools wie Terminkalender, To-do-Liste, gut strukturierte Ablage, Wiedervorlage, Ideenliste und Notizen, erhalten Sie die wesentlichen

Bausteine für Ihren persönlichen Weg zu einem gut durchdachten Workflow rund um Ihren Schreibtisch an die Hand.

Auch die Kommunikation mit externen Partnern verlagert sich immer mehr in den digitalen Raum. Deshalb steht im dritten Kapitel die virtuelle Kommunikation über unterschiedliche Kanäle im Mittelpunkt. Checklisten helfen Ihnen bei der Frage, wie Sie beispielsweise Videokonferenzen optimal vorbereiten und durchführen. Auch die sozialen Medien spielen eine immer größere Rolle. Sie sind nicht nur auf das Private beschränkt, sondern vermischen sich beruflich und privat zunehmend miteinander.

Viele Projekte und Vorhaben werden im Team in komplexen Prozessen durchgeführt. Ein Patentrezept dafür gibt es nicht. In Kapitel vier sind die Voraussetzungen für eine erfolgreiche Teamarbeit beschrieben und wie die virtuelle Kommunikation im Team gestaltet werden kann. Auch hier helfen Checklisten, den eigenen Weg zu einer passenden Kommunikationsstrategie zu finden. Wie das Team seine Beziehungen untereinander gestaltet, welche Spielregeln die Zusammenarbeit erleichtern und welche Technik für die virtuelle Zusammenarbeit erforderlich ist.

In Kapitel 5 »Das Team gut organisieren« geht es um die Kommunikation und Zusammenarbeit auf einer gemeinsamen Plattform. Idealerweise ist sie auf die Bedürfnisse des Unternehmens oder der Organisation abgestimmt und ermöglicht eine reibungslose Kommunikation und Zusammenarbeit in einem oder mehreren Teams.

Ich hoffe, dass die beschriebenen Methoden, Werkzeuge und Checklisten Sie in Ihrer Selbst- und Teamorganisation unterstützen und Sie für Ihre Aufgaben, Projekte oder Vorhaben eine passende Organisationsstrategie entwickeln. In jedem Fall freue ich mich stets auf einen Erfahrungsaustausch mit interessierten Leserinnen und Lesern.

Ingrid Stephan

1

Flexibel arbeiten

1.1 Mobile Arbeitsplätze

Homeoffice

Remotearbeit

Hybridarbeit

Open Space

Co-Working-Spaces

1.2 Ergonomischer Arbeitsplatz

Bürostuhl

Bildschirm

1.3 Ergonomisches Verhalten am Arbeitsplatz

90-Grad-Methode

Dynamik-Methode

1.4 Datenschutz und Datensicherheit

Datenschutz

Datensicherheit

Vorschau

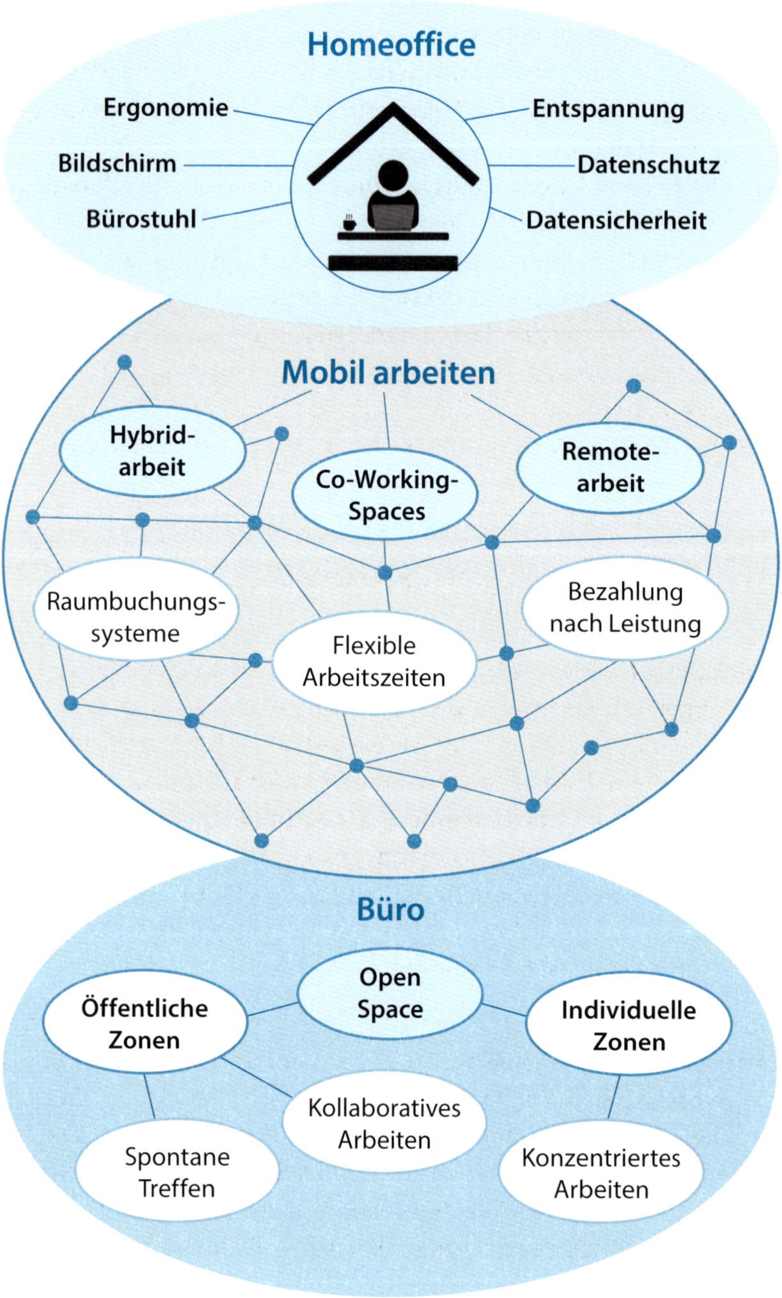
Homeoffice
Ergonomie
Bildschirm
Bürostuhl
Entspannung
Datenschutz
Datensicherheit
Mobil arbeiten
Hybrid-
arbeit
Co-Working-
Spaces
Remote-
arbeit
Raumbuchungs-
systeme
Flexible
Arbeitszeiten
Bezahlung
nach Leistung
Büro
Open
Space
Öffentliche
Zonen
Individuelle
Zonen
Kollaboratives
Arbeiten
Spontane
Treffen
Konzentriertes
Arbeiten

Die Arbeitswelt hat sich in den letzten Jahren vielfältig verändert und wir befinden uns in einem ständigen Veränderungsprozess. Dieser Trend wird nach dem Philosophen und Erfinder des Konzeptes, Frithjof Bergmann, »New Work« genannt. Mit der zunehmenden Digitalisierung ändern sich die Anforderungen an unsere Arbeitsumgebungen und die Art und Weise, wie wir miteinander arbeiten. Virtualität ist Teil des Arbeitsalltags geworden. Unterstützt durch digitale Tools können wir viele Arbeiten räumlich und zeitlich flexibel erledigen. Durch Cloudanwendungen, Smartphone, Tablet und Notebook etabliert sich flexibles Arbeiten von unterwegs oder zu Hause immer mehr. Das virtuelle Arbeiten in internationalen Teams ist in vielen Unternehmen bereits Alltag. Selbstständiges Arbeiten und Eigeninitiative werden durch flache Hierarchien begünstigt. Die Grenzen zwischen Arbeits- und Privatleben lösen sich immer mehr auf.

1.1 Mobile Arbeitsplätze

Durch die zunehmende Digitalisierung entwickeln sich neue Arbeits- und Organisationsformen, die die Arbeits- und Büroumgebungen grundlegend verändern. Der Büroarbeitsplatz ist überall: im Unternehmen, im Auto, beim Kunden und zu Hause. Zudem erfordert das zunehmende Arbeiten im Team eine Arbeitsumgebung, die den Arbeitsprozessen und -anforderungen entspricht und inspirierend wirkt. Homeoffice, Remotearbeit, Hybridarbeit, Co-Working-Spaces, Open Space u. v. m. heißen diese neuen Arbeitsformen, die unser Berufsleben grundlegend verändern.

Homeoffice. Das Arbeiten von zu Hause kann gelingen, wenn alle Kommunikationswege technisch geklärt sind und die richtigen Tools eingesetzt werden. Wichtig ist es auch, dass im Unternehmen flexible Regelungen für mobiles Arbeiten gefunden werden und die Beschäftigten im Homeoffice weiterhin in die Unternehmensgemeinschaft eingebunden sind. Die Arbeiten können beispielsweise morgens vor oder abends nach der offiziellen Bürozeit erledigt werden. Präsenzzeiten sind auf die Kunden-Servicezeiten abzustimmen und der Austausch im dezentralen Team muss gesichert bleiben. Die Kommunikation mit externen Partnern sollte strategisch geplant werden.

Viele Beschäftigte befürchten, dass das überwiegende Arbeiten im Homeoffice zum Karrierekiller werden könnte. Hier hilft, mit den Führungskräften zu klären, welche Erwartungen an die übertragenen Aufgaben geknüpft sind, nach welchen Kriterien die Leistung im Unternehmen bewertet wird und eine gute Feedbackkultur. Führungskräfte sollten die Ziele eindeutig formulieren, klare Absprachen und Priorisierungen treffen, für Rückfragen zur Verfügung stehen und bei Bedarf möglichst schnell Rückmeldung geben.

Remotearbeit. Immer mehr Beschäftigte arbeiten in Projekten in dezentralen Teams. Sie sind digital vernetzt und völlig flexibel bei der Wahl ihrer Büroumgebung. Der Arbeitstag wird selbstständig organisiert und die Bezahlung erfolgt nicht nach Arbeitszeit, sondern nach Leistung.

Hybridarbeit. Hybrides Arbeiten bedeutet, dass die Beschäftigten sowohl im Homeoffice als auch im Büro arbeiten. Die Mitarbeitenden sind frei bei der Wahl ihres Arbeitsortes. Teams arbeiten beispielsweise mit festen Präsenzzeiten im Büro oder Beschäftigte sind an festen Tagen in der Woche im Homeoffice und die restliche Zeit im Büro. Die Büros werden Orte des Austauschs und der Zusammenarbeit. Es gibt Rückzugsorte für konzentrierte Arbeit und Teamzonen für kollaboratives Arbeiten sowie Bereiche, die zufällige Begegnungen und Gespräche fördern.

Open Space. Das Open Space-Büro ist eine kommunikationsfreundliche Büroform, in der sowohl öffentliche Zonen zur Förderung der Kommunikation als auch individuelle Zonen für konzentriertes Arbeiten in einem offenen Raum in Einklang gebracht werden. Da viele Mitarbeitende für ein paar Tage auch von zu Hause oder unterwegs arbeiten, werden die Arbeitsplätze über digitale Raumbuchungssysteme verwaltet. Die Beschäftigten buchen ihre Anwesenheit im Büro über eine App und vernetzen sich mit den Teammitgliedern, mit denen sie vor Ort arbeiten wollen.

Co-Working-Spaces. Co-Working-Spaces sind Büroräume, die nach Bedarf kurz- oder langfristig angemietet werden können. Sie sind technisch und organisatorisch optimal ausgestattet und stellen beispielsweise für Videokonferenzen Aufnahmestudios mit professioneller Bild- und Tontechnik zur Verfügung. Die Beschäftigten müssen sich nicht darum sorgen, ob die Internetverbindung stabil ist, ob die Beleuchtung stimmt oder wie der Hintergrund in der Videokonferenz aussieht. Die Buchung der flexiblen Arbeitsplätze erfolgt in der Regel über eine App oder webbasiert.

Welche Arbeitsumgebung für die Teamarbeit geeignet ist, kann durch folgende Fragen geklärt werden:

- Arbeiten die Teams überwiegend virtuell zusammen oder gibt es regelmäßige sowie spontane Treffen im Büro?
- Wie viel Zeit wird für die Bearbeitung gemeinsamer Aufgaben und für konzentrierte Einzelarbeit benötigt?
- Wie und wie häufig wird mit den externen Partnern kommuniziert?
- Welche technische Ausstattung und Software unterstützt die gewählte Arbeitsform?

1.2 Ergonomischer Arbeitsplatz

Wenn Sie im Homeoffice lange am Computer arbeiten, sollten Sie auch zu Hause auf eine ergonomische Arbeitsumgebung achten. Damit können Sie Gesundheitsschäden vorbeugen. Die häufigsten Gründe für gesundheitliche Probleme sind Rückenschmerzen durch langes Sitzen, Bewegungsmangel und eine falsche Haltung vor dem Computer.

Eine gute und nachhaltige Ausstattung fördert Ihre Gesundheit, das Wohlbefinden und Ihre Kreativität. Zu einer Grundausstattung gehören ein geeigneter Arbeitsstuhl und Arbeitstisch, PC oder Laptop, eventuell ein Tablet, ein oder mehrere Bildschirme, eine separate Maus und Tastatur, Telefon und/oder Smartphone, eine Webcam, ein

Headset und ein Reserveheadset für alle Fälle. Wenn Sie so gesundheitsschonend wie möglich arbeiten möchten, lohnt sich eine ergonomische Tastatur, eine ergonomische Maus und ein höhenverstellbarer Schreibtisch mit einer optimalen Größe von 160 x 80 cm. Ein ergonomisch gestalteter Bürostuhl mit maximalen Anpassungsmöglichkeiten fördert bewegungsreiches Sitzen. Das Headset sollte sich mit Ihren eingesetzten Geräten schnell koppeln, über ein ein- und ausschaltbares Mikrofon verfügen und Umgebungsgeräusche unterdrücken. Im günstigsten Fall wird die Ausstattung vom Arbeitgeber nach den Vorgaben der Arbeitsstättenverordnung (ArbStättV) bereitgestellt.

Die eingesetzte Software ist normalerweise auf Ihrem Notebook installiert, das Ihnen in der Regel von Ihrem Unternehmen zur Verfügung gestellt wird. Nutzen Sie eigene Geräte im Homeoffice, ist es zweckmäßig, mit demselben Betriebssystem wie im Büro zu arbeiten, um Übertragungsfehler und Kompatibilitätsprobleme zu minimieren.

Noch flexibler sind Sie, wenn Ihr Unternehmen mit einer maßgeschneiderten SaaS-Cloud (Abk: SaaS = Software as a service) arbeitet. Die Software ist nicht auf Ihrem Rechner, sondern wird in der Cloud genutzt. Sie erhalten den Zugriff auf Ihre Anwendungsprogramme über jeden Webbrowser. Sie melden sich mit sicheren Zugangsdaten auf der Plattform an und arbeiten wie gewohnt in Ihrer Arbeitsumgebung. Die Speicherung der Daten erfolgt DSGVO-konform (Abk. DSGVO = Datenschutzgrundverordnung), die Softwareupgrades und eventuelle Anpassungen übernimmt der Provider.

Bürostuhl

Ein guter Bürostuhl sollte sich mit seinen Einstellungsmöglichkeiten auf die individuellen Bedürfnisse der sitzenden Person anpassen lassen. Besondere Bewegungsmechaniken wie die Pendel- bzw. 3-D-Mechanik halten den Körper ständig in Bewegung und sind für aktives Sitzen geeignet.

CHECKLISTE – ERGONOMISCHER ARBEITSSTUHL

Die folgenden Tipps helfen Ihnen, den geeigneten Arbeitsstuhl zu finden:

1.	**Körpergröße beachten.** Standardmäßig sind Bürostühle für Körperhöhen von ungefähr 1,50 m bis 1,90 m und ein Körpergewicht von maximal 110 kg konstruiert. Sind Sie größer oder kleiner, lohnt es sich, nach einer passenden Alternative zu suchen.	☐
2.	**Stuhloberteil.** Der Sitz und die Rücklehne müssen drehbar und stufenlos höhenverstellbar sein. Die Rückenlehne sollte anatomisch geformt und mit einer höhenverstellbaren Lordosenstütze ausgestattet sein. Das Körpergewicht sollte durch die Sitztiefenfederung beim Hinsetzen abgefangen werden. Die Sitzfläche gewährleistet durch ihre Beschaffenheit eine gute Druckverteilung und ist leicht gepolstert. Zusätzliche ergonomische Pluspunkte bringen eine in der Neigung verstellbare Sitzfläche, in der Tiefe verstellbare Lordosenstütze und eine individuell einstellbare Kopfstütze. Sitz und Rückenlehne sollen durch ihre Form ein entspanntes, dynamisches Sitzen (Wechsel zwischen vorgeneigter, aufrechter und zurückgelehnter oder seitwärts geneigter Sitzhaltung) aktiv unterstützen und fördern.	☐
3.	**Untergestell.** Das Untergestell muss mit fünf Rollen ausgestattet sein. Es gibt verschiedene Rollen für unterschiedliche Bodenbeläge. Bei weichem Belag (z. B. Teppichböden) sind harte Rollen, bei hartem Belag (z. B. Parkett) sind weiche Rollen geeignet. Gebremste Rollen verhindern das unbeabsichtigte Wegrollen des Stuhls in unbelastetem Zustand. In belastetem Zustand müssen sie leichtgängig sein, damit der Stuhl beim Bewegen nicht kippt.	☐
4.	**Armauflagen.** Sie sollen in der Höhe, Breite, Tiefe und/oder im Winkel verstellbar sein und eine weiche Polsterung haben.	☐
5.	**Probesitzen.** Bevor Sie einen Bürostuhl kaufen, sollten Sie ihn vorher zur Probe getestet und bedient haben.	☐

Bildschirm

Dauerhaftes Arbeiten an einem kleinen Notebook-Bildschirm ist anstrengend, besonders wenn Sie parallel mit unterschiedlichen Programmen arbeiten müssen. Ein oder zwei externe Monitore mit einer großen Bilddiagonalen sind wesentlich komfortabler und schonen die Augen. Sie können mehrere Anwendungsfenster problemlos nebeneinander anordnen und zusätzliche Informationen auf dem Desktop ablegen.

CHECKLISTE – DER IDEALE BILDSCHIRM		
Folgende Kriterien sollte ein ergonomischer Bildschirm erfüllen:		
1.	**Die richtige Bildschirmdiagonale und Auflösung wählen.** Die Größe des Bildschirms richtet sich nach der Diagonalen, die in Zoll angegeben wird. Die Angebote reichen von 19 Zoll bis 38 Zoll. Die Anforderung an die Bildschirmauflösung beträgt mindestens 1920 x 1080 Pixel, damit Texte oder grafische Inhalte größer, klarer und augenfreundlicher dargestellt werden. Besonders komfortabel sind große hochauflösende Bildschirme bis zu 3840 x 2160 Pixel. Je mehr Detailauflösung, desto besser für die Augen und das Wohlbefinden.	☐
2.	**Kein Flimmern und keine Verzerrungen.** Das dargestellte Bild auf dem Monitor muss stabil und frei von Flimmern und Verzerrungen sein. Die Hersteller kennzeichnen Produkte mit den Bezeichnungen »Flicker Free« oder »Flicker Safe«. Auch das sogenannte »Blaue Licht«, das die LED-Hintergrundbeleuchtung emittiert, kann schädlich für das Auge und störend für den Schlaf-wach-Rhythmus sein. Bildschirme, die diesen Bereich vermeiden, sind z. B. mit »Bluelight Reducer« oder »Low Blue Light« gekennzeichnet.	☐

3.	**Achten Sie auf eine reflexionsarme Bildschirmoberfläche.** Nach der Arbeitsstättenverordnung muss die Bildschirmoberfläche reflexionsarm beschaffen sein. Helligkeit und Kontrast müssen sich einfach einstellen lassen.	☐
4.	**Den Bildschirm gut positionieren.** Der Bildschirm muss frei dreh- und neigbar sein. Positionieren Sie das Gerät parallel oder schräg zum Fenster und stellen Sie den Monitor so ein, dass die maximale Höhe der obersten Zeile des Bildschirms unterhalb der waagerechten Blicklinie liegt. Die Blicklinie auf die Bildschirmmitte sollte um ungefähr 35 Grad aus der Waagrechten abgesenkt sein.	☐

1.3 Ergonomisches Verhalten am Arbeitsplatz

Als Wissensarbeiter sind wir vernetzt und arbeiten von jedem Ort aus am PC. Im Büro sind gut eingerichtete Arbeitsplätze selbstverständlich. Im Homeoffice oder beim Arbeiten von unterwegs muss oft improvisiert werden. Sie können aber durch Ihr Verhalten gesundheitlichen Beeinträchtigungen entgegenwirken. Das Verhalten zu ändern, erfordert etwas Übung. Die folgenden Methoden und Tipps helfen Ihnen dabei:

90-Grad-Methode	• Stuhl- und Tischhöhe so einstellen, dass die Winkel im Bereich Ober- und Unterschenkel und im Bereich Ober- und Unterarm 90 Grad betragen. • Platzieren Sie den Bildschirm in einem Winkel von 90 Grad zum Fenster des Raums.
Dynamik-Methode	• Dynamisches Sitzen: Verändern Sie während der sitzenden Arbeitsphasen häufig die Sitzposition (vordere, mittlere und hintere Sitzhaltung) • Dynamisches Arbeiten: Praktizieren Sie einen dynamischen Arbeitsstil und wechseln Sie regelmäßig zwischen sitzender und stehender Tätigkeit.

Bewegungstipps:

- Legen Sie einen Teil der Wegstrecke zur Arbeit zu Fuß zurück.
- Verwenden Sie die Treppe statt des Aufzugs.
- Telefonieren Sie im Stehen.
- Führen Sie kurze Besprechungen an einem Stehtisch durch.
- Erledigen Sie kurze Botengänge selbst.
- Machen Sie in der Mittagspause einen kleinen Spaziergang.
- Planen Sie in Ihren Arbeitstag kleine Bewegungspausen mit Gymnastikübungen ein.

Ernährungstipps:

- Essen Sie abwechslungsreich und regelmäßig.
- Trinken Sie ausreichend.
- Nehmen Sie Ihre Mahlzeiten in geringen Mengen zu sich (z. B. fünfmal am Tag).
- Vermeiden Sie Fett, Zucker, Koffein, Nikotin und Alkohol.

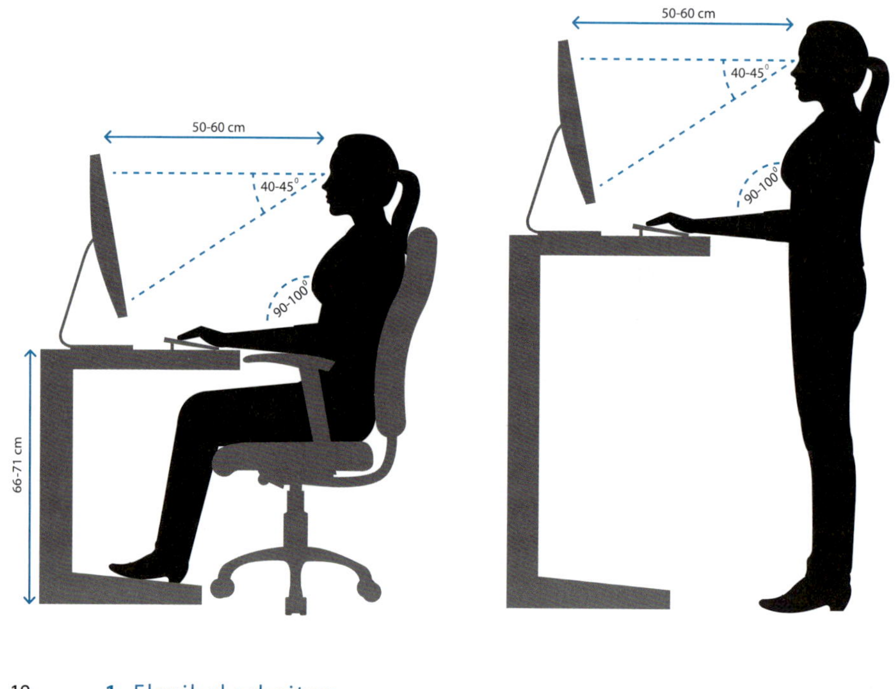

CHECKLISTE – SO ARBEITEN SIE AM BILDSCHIRMPLATZ ERGONOMISCH!		
Die folgenden Tipps helfen Ihnen, Gesundheitsbeeinträchtigungen vorzubeugen:		
1.	**Kennen Sie alle Knöpfe und Hebel an Ihrem Stuhl?** Nutzen Sie alle Anpassungsmöglichkeiten Ihres Bürostuhls aus, um für Sie eine optimale Sitzhaltung zu erreichen. Viele Funktionen verstecken sich hinter Hebeln und Knöpfen.	☐
2.	**Die richtige Höhe ist ausschlaggebend.** Die Höhe des Schreibtischs und Stuhls sollte so eingestellt sein, dass Ober- und Unterschenkel sowie Ober- und Unterarme im 90-Grad-Winkel zueinanderstehen. Sitzen Sie aufrecht und entspannen Sie dabei Ihre Schultern. Stellen Sie die Lordosenstütze auf Gürtellinie ein. Richten Sie die Armlehnen so aus, dass die Arme locker und entspannt herabhängen. Ihre Füße sollten auf einer festen Auflage stehen. Sind Sie kleiner, kann eine Fußstütze den Abstand ausgleichen.	☐
3.	**Dynamisches Sitzen und Arbeiten fördern die Gesundheit.** Sitzen Sie bewegungsreich. Die Arbeitsmedizin empfiehlt, die Arbeit zu 60 Prozent im Sitzen, zu 30 Prozent im Stehen und zu 10 Prozent beim gezielten Umhergehen zu verrichten. Wechseln Sie so oft es geht die Sitzposition. Achten Sie darauf, dass die Rückenlehne Ihres Stuhls so eingestellt ist, dass sie diese Bewegungen unterstützt. Sorgen Sie auch sonst für ausreichend Bewegung und wechseln Sie am Schreibtisch zwischen Stehen und Sitzen ab nach der 90-Grad- und Dynamik-Methode.	☐
4.	**Halten Sie Abstand zum Bildschirm.** Richten Sie Ihren Bildschirm gerade vor sich aus und achten Sie je nach Bildschirmgröße auf einen Sichtabstand von 50 cm bis 80 cm. Neigen Sie den Kopf nicht zu stark nach hinten oder nach vorne. Eine entspannte Kopfhaltung erreichen Sie, wenn die maximale Höhe der obersten Zeile des Bildschirms unterhalb der waagerechten Blicklinie liegt. Optimal ist zudem eine um ca. 35 Grad waagerecht abgesenkte Blicklinie auf die Bildschirmmitte.	☐
5.	**Leuchten Sie Ihren Arbeitsplatz gut aus.** Ihr Arbeitsplatz sollte ausreichend Tageslicht erhalten. Ideal ist der im rechten Winkel zum Fenster positionierte Bildschirm, damit das Licht von der Seite kommt, um Spiegelungen und Reflexionen zu vermeiden. Das Tageslicht und Leuchten dürfen nicht blenden. Überprüfen können Sie das, wenn Sie bei ausgeschaltetem Bildschirm keine Spiegelungen oder Lichtreflexe sehen.	☐

1.4 Datenschutz und Datensicherheit

Datenschutz

Der Datenschutz ist durch die **Datenschutzgrundverordnung (DSGVO)** in Europa einheitlich geregelt. Darin geht es grundsätzlich um das Erfassen, Speichern und Nutzen von personenbezogenen Daten (z.B. Namen, Geburtsdaten, Post- und Internetadressen sowie Gesundheitsdaten) in Form von Text, Bild oder Video. In Ihrem Unternehmen müssen alle Vorgänge und Abläufe zur Erfassung und Bearbeitung von personenbezogenen Daten dokumentiert werden, damit sich der Umgang mit den Daten nachvollziehen lässt. Sie dürfen persönliche Daten nur zu einem konkreten Vertragszweck erheben und müssen sich dazu die Einwilligung Ihrer Kund/-innen einholen. Eine App, die beispielsweise neben den vertraglich vereinbarten Nutzungsrechten auch Standortdaten sammelt, wäre unzulässig. Ihre Kund/-innen haben das Recht, ihre gespeicherten Daten unentgeltlich abzufragen. Zum Beispiel, welche Daten von Ihnen wie lange und zu welchem Zweck gespeichert wurden. Stellt sich heraus, dass die gespeicherten personenbezogenen Daten falsch sind, können die Betroffenen verlangen, dass die Daten »unverzüglich« berichtigt, vervollständigt oder gelöscht werden. Laut DSGVO wendet man sich an die Datenschutzbeauftragten der jeweiligen Organisationen. Sie müssen die gespeicherten, personenbezogenen Daten Ihrer Kund/-innen löschen, wenn der Zweck, für den sie erhoben wurden, nicht mehr gilt. Besonders sensible Daten sind durch die DSGVO auch besonders geschützt. Das sind Informationen zur Religionszugehörigkeit und medizinische, biometrische und genetische Daten. Ebenso unterliegen Angaben über die sexuelle Orientierung, die ethnische Herkunft oder politische Überzeugungen einem besonderen Schutz. Wenn die Betroffenen diese Informationen selbst öffentlich machen, dürfen Sie die Daten ohne eine ausdrückliche Einwilligung verarbeiten. Datenschutzverstöße können mit hohen Bußgeldern geahndet werden.

Arbeiten Sie im Homeoffice oder von unterwegs, müssen Sie – wie im Unternehmen – für die Sicherheit der personenbezogenen

Daten sorgen. Das Risiko, dass Unbefugte Zugang zu den sensiblen Daten erhalten, ist durchaus gegeben. Hier sind die Vorgaben des Unternehmens zum Datenschutz unbedingt einzuhalten. Einfache Maßnahmen sind beispielsweise der Schutz von Passwörtern und Zugangsdaten vor Außenstehenden – dazu gehören auch Familienangehörige. Dritte dürfen nicht auf die Unternehmenssoftware in der Cloud oder auf dem Rechner zugreifen. Es dürfen keine Unternehmensdaten auf nichtbetrieblichen USB- oder Cloudspeicher gespeichert werden. Die Datenübertragung ist durch ein geeignetes Verschlüsselungsverfahren zu sichern. Papierunterlagen sollten im Homeoffice in einem abschließbaren Schrank oder Container untergebracht werden.

Datensicherheit

Immer wieder kommt es zu spektakulären Hackerangriffen, die nicht nur in Firmennetzen großen Schaden anrichten. Ein unbedarfter Klick auf einen Link kann schon ausreichen, um das gesamte Netz lahmzulegen. Bei einem Angriff können persönliche Daten gehackt, illegal genutzt und weitergegeben werden. Das sind Passwörter, Kreditkarteninformationen bis hin zu gestohlenen Identitäten. Aber auch die kompletten Daten auf dem Computer oder im Netzwerk drohen bei einem Angriff verloren zu gehen. Banken und große Plattformen benachrichtigen Ihre Nutzerinnen und Nutzer, wenn sie Auffälligkeiten bemerken. Das ist zwar ein guter Hinweis, aber keine wirkliche Sicherheit.

Viele Mitarbeitende wollen und müssen heute von verschiedenen Orten mit verschiedenen Devices (z. B. Smartphone, Notebook, PC) arbeiten, was hohe Ansprüche an die IT-Sicherheit stellt. Notebooks und andere Devices müssen nicht nur im Büro, sondern auch zu Hause im Wohnzimmer oder unterwegs auf Reisen und im Hotel vor fremden Eingriffen geschützt sein.

VPN (Virtual Private Network) und Cloudlösungen

VPN

Arbeiten Sie im Homeoffice mit eigenen Geräten, sollten Sie Rücksprache mit Ihrer IT-Abteilung halten, damit alle nötigen Firewalls und VPN-Lösungen fachgerecht eingerichtet werden.

Ihr privates WLAN sollte eine WPA2- und eine WPA3-Verschlüsselung mit Passwort aufweisen. Mit einem VPN-Tunnel können Sie im Homeoffice auf die Informationen und Dokumente im Unternehmen sicher und direkt zugreifen sowie Datenpakete sicher laden und versenden. VPN-Lösungen sind aber kompliziert in der Einrichtung und in der E-Mail-Kommunikation zu unsicher. Es sei denn, es wird ein rechtssicheres und zuverlässiges E-Mail-Verschlüsselungsverfahren mit dazu passenden Signaturmechanismen genutzt. Einfacher sind Cloudlösungen.

Cloudlösungen

Flexibles Arbeiten lässt sich am besten auf fachgerecht geschützten Servern des Unternehmens gestalten, um sichere und flüssige Arbeitsabläufe und Datenaustausch zu gewährleisten. Mit geeigneten Cloudlösungen können die Mitarbeitenden besser und sicherer auf Dokumente zugreifen und im Team arbeiten – egal, wo sie sich aufhalten. Um einen umfangreichen Schutz von Daten und Dokumenten zu garantieren, werden Dokumente und alle Metadaten von der Entstehung bis zur Löschung verschlüsselt.

Für besonders sensible Daten lassen sich in Cloudlösungen »virtuelle Datenräume« einrichten. Nur berechtigte Personen bekommen Zugang zum Datenraum und jede Tätigkeit im Datenraum wird lückenlos dokumentiert. Es kann nachvollzogen werden, wer wann welches Dokument herunterlädt, löscht, kopiert oder nur ansieht. Dokumente können nur zum Lesen freigegeben oder zusätzlich mit Wasserzeichen vor unberechtigter Weitergabe oder Vervielfältigung geschützt werden.

Alle Dokumente werden nach jeder Änderung vollautomatisch in einem Back-up-System gesichert. Falls notwendig, können die Dateien vollautomatisch in einer separaten Umgebung wiederhergestellt werden. Dieser Vorgang wird regelmäßig getestet, damit im Katastrophenfall tatsächlich alles rekonstruiert werden kann.

Das Bundesamt für Sicherheit in der Informationstechnik (BSI) veröffentlicht und aktualisiert auf seiner Webseite (bsi.bund.de) einen Kriterienkatalog mit den technischen Anforderungen einer sicheren Cloudlösung (Cloud Computing Compliance Criteria Catalog – C5:2020).

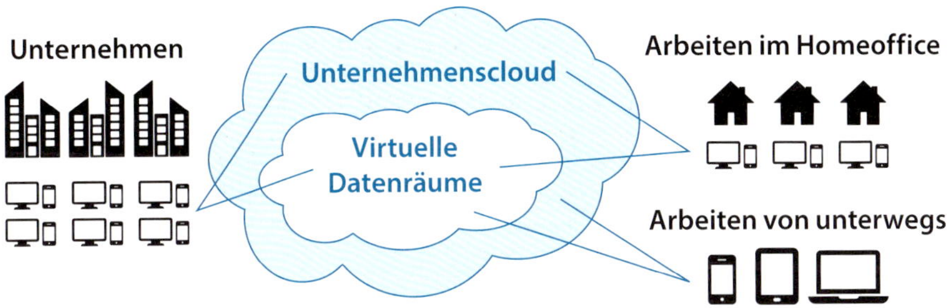

CHECKLISTE – DATENSCHUTZ UND DATENSICHERHEIT IM HOMEOFFICE		
Auch im Homeoffice sind Sie für die Sicherheit der Unternehmensdaten verantwortlich. Die folgenden Tipps helfen Ihnen dabei, Ihren Arbeitsplatz zu Hause sicher zu machen:		
1.	**Schutz von personenbezogenen Daten.** Klären Sie mit Ihrem Arbeitgeber, welche technischen und organisatorischen Maßnahmen gemäß den Datenschutzregelungen für das flexible Arbeiten getroffen werden müssen.	☐
2.	**Vertrauliche Dokumente sicher verarbeiten.** Drucken Sie im Homeoffice keine vertraulichen Dokumente aus. Falls Sie selbst Dokumente ins Homeoffice weitergeben, schützen Sie sie durch ein Passwort.	☐
3.	**Bildschirm sperren.** Um die Daten vor Unbefugten zu schützen, sollten Sie beim Verlassen Ihres Arbeitsplatzes den Bildschirm sperren.	☐
4.	**Bringen Sie eine Sichtschutzfolie am Bildschirm an.** Die Sichtschutzfolie schützt den Bildschirm vor den Einblicken von Dritten oder Familienangehörigen.	☐

5.	**Zugangsdaten sicher aufbewahren.** Lassen Sie Ihre Zugangsdaten nicht offen im Homeoffice liegen. Generieren Sie starke Passwörter. Ein starkes Passwort ist mindestens 12-stellig und enthält große und kleine Buchstaben, Zahlen sowie Sonderzeichen. Falls Sie sich viele Passwörter merken müssen, lohnt es sich, eine Passwort-Manager-App zu nutzen. Zusätzliche Sicherheit bieten Passwortmanager mit einer Zwei-Faktor-Authentifizierung, die Ihre Passwörter in einer verschlüsselten Datei auf Ihrem Gerät speichern. Sie müssen sich dann nur noch ein einziges Passwort merken – das Masterpasswort. Bei der Anmeldung verlangt der Passwort-Manager neben dem Masterpasswort zusätzlich einen zweiten Schlüssel wie z. B. einen SMS-Code oder ein per App generiertes Einmalpasswort.	☐
6.	**Achten Sie auf Phishingmail.** Seien Sie vorsichtig gegenüber Unbekanntem. Cyberkriminelle ahmen häufig vertrauenswürdige Unternehmen nach, tarnen sich als potenzielle Bewerber/-innen oder weisen auf eine angebliche Kontosperrung hin. Durch Öffnen des Anhangs gelangt eine Malware – oft unbemerkt – ins System und richtet dort Schaden an. Das kann zum Ausspähen von persönlichen Daten bis zur Sperrung Ihres Zugangs (Erpressung) führen.	☐
7.	**Weiterleitung beruflicher E-Mails.** Leiten Sie keine beruflichen E-Mails mit vertraulichen/personenbezogenen Inhalten an private E-Mail-Adressen weiter.	☐
8.	**Regelmäßig Updates durchführen.** Alte Software kann Sicherheitslücken haben. Führen Sie anstehende Updates für Soft- und Hardware unmittelbar durch.	☐
9.	**Auf Hackerangriffe richtig reagieren.** Wenn Sie merken, dass Ihr Computer gehackt wurde, kappen Sie sofort die Internetverbindung oder schalten Sie das Gerät ab. Damit verhindern Sie, dass sich die eingeschleuste Malware selbst zerstört. Diese kann bei der Versicherung (Berufs- und Privatrechtsschutz) bei der Schadensmeldung als Beweis dienen.	☐

	Selbstverständlich sollten Sie nach einem Angriff alle Passwörter auf den Portalen, die Sie auf ihrem Gerät verwendet hatten, erneuern. Über den Identity Leak Checker des Hasso-Plattner-Instituts können Sie herausfinden, ob das Passwort eines E-Mail-Kontos ausgespäht wurde.	☐
10.	**Sichern Sie Ihre Daten regelmäßig.** Wenn Sie in einer Unternehmenscloud arbeiten, werden die Daten in der Regel automatisch gesichert. Sollten Sie dennoch Daten auf Ihrem Rechner speichern, ist es umso wichtiger, diese regelmäßig zu sichern, z. B. auf einer externen Festplatte.	☐
11.	**Sicher telefonieren.** Wenn Sie lieber über ein Festnetztelefon kommunizieren, sollte Ihr IP-Telefon über eine Ende-zu-Ende-Verschlüsselung verfügen, damit vertrauliche, geschäftliche Telefonate auch vertraulich bleiben.	☐
12.	**Gespräche in Videokonferenzen und am Telefon abschirmen.** Führen Sie Ihre Video- oder Telefongespräche so, dass niemand vertrauliche Inhalte wahrnehmen kann. Auch geöffnete Fenster könnten Dritte zum Mithören verleiten.	☐
13.	**Mithören und Aufzeichnen von Gesprächen.** Nach § 201 StGB dürfen Sie Gespräche, Telefon- oder Videokonferenzen ohne die Einwilligung der betroffenen Personen nicht mithören oder aufnehmen. Es sei denn, es handelt sich um Inhalte, die öffentlich an die Allgemeinheit gerichtet sind, wie z. B. Fernsehübertragungen, Podcasts oder Blogs.	☐
14.	**Papierdokumente sicher entsorgen.** Dokumente mit sensiblen Daten müssen mit einem Aktenvernichter mit der Sicherheitsstufe P4 geschreddert werden. Die Sicherheitsstufe P4 mit einer Partikelgröße von 160 mm^2 sorgt für ausreichenden Datenschutz im Homeoffice. Auch handschriftliche Notizen mit personenbezogenen Daten wie Name, Telefonnummer und Bankdaten gehören in den Aktenvernichter.	☐

2

Sich selbst organisieren

2.1 Ordnung auf Ihrem Schreibtisch und Ihrem Desktop

Schreibtischordnung

Desktopordnung

2.2 Termine planen

2.3 Aufgaben planen

To-do-Liste

2.4 Aufgaben priorisieren

2.5 Wiedervorlagesystem nutzen

Das Prinzip der Wiedervorlage

Analoge Wiedervorlage

Hybridwiedervorlage

Digitale Wiedervorlage

2.6 Dateiablagesystem entwickeln

2.7 Informationen organisieren

2.8 Ideen und Notizen sicher speichern

2.9 Selbstmanagement

Zusammenarbeit mit Vorgesetzten aus dem Homeoffice

Innere und äußere Störungen erkennen

Sägeblatteffekt

Arbeiten Sie konzentriert mit der Pomodoro-Technik

Unliebsame Aufgaben nicht aufschieben

Zusammenfassung: Wie Sie Arbeitsblockaden überwinden

Achtsamkeit üben

Den Homeofficetag strukturieren

2.10 Sich digital weiterbilden

Vorschau

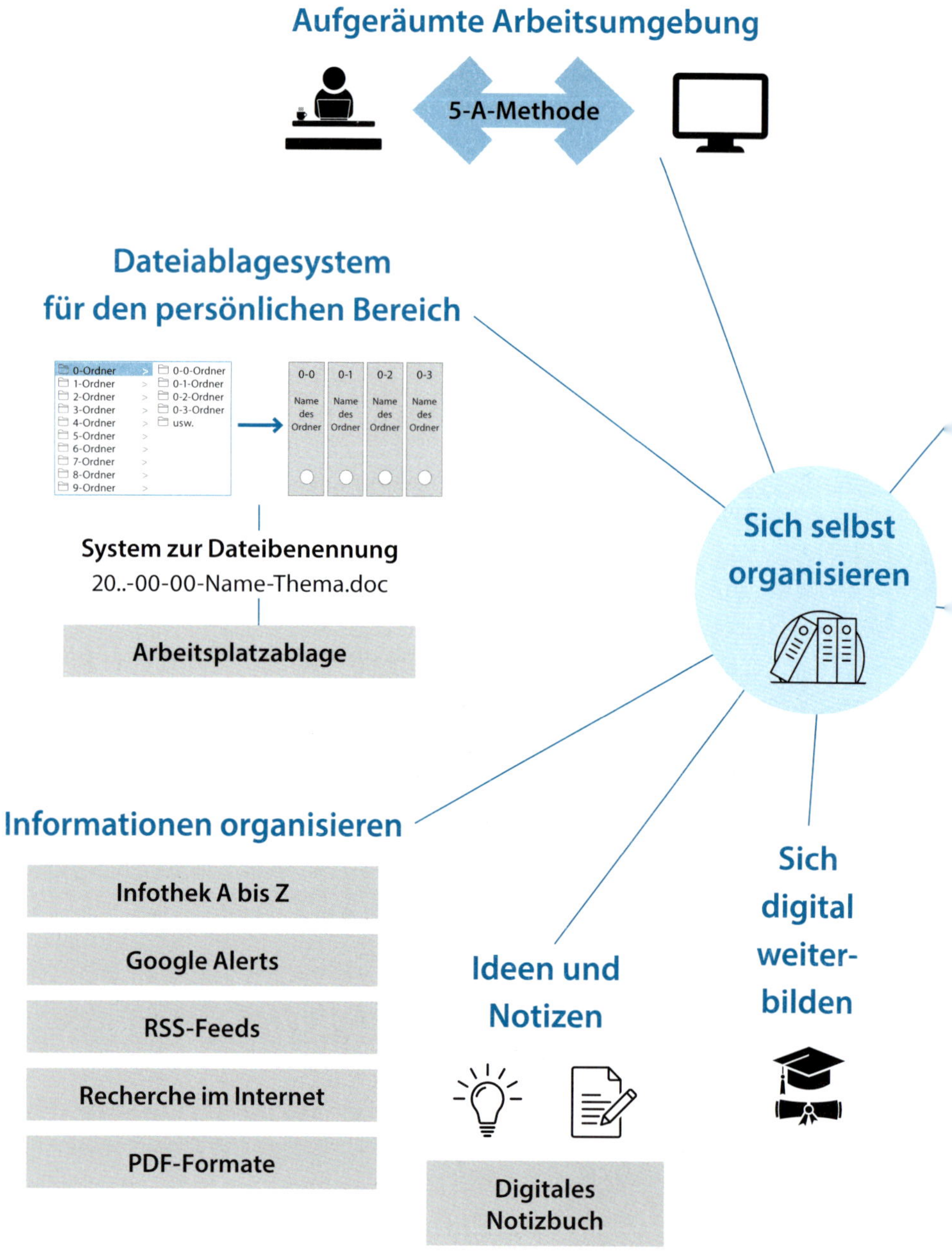

Aufgeräumte Arbeitsumgebung
5-A-Methode
Dateiablagesystem für den persönlichen Bereich
0-Ordner
1-Ordner
2-Ordner
3-Ordner
4-Ordner
5-Ordner
6-Ordner
7-Ordner
8-Ordner
9-Ordner
0-0-Ordner
0-1-Ordner
0-2-Ordner
0-3-Ordner
usw.
0-0 Name des Ordner
0-1 Name des Ordner
0-2 Name des Ordner
0-3 Name des Ordner
System zur Dateibenennung
20..-00-00-Name-Thema.doc
Arbeitsplatzablage
Sich selbst organisieren
Informationen organisieren
Infothek A bis Z
Google Alerts
RSS-Feeds
Recherche im Internet
PDF-Formate
Ideen und Notizen
Digitales Notizbuch
Sich digital weiter-bilden

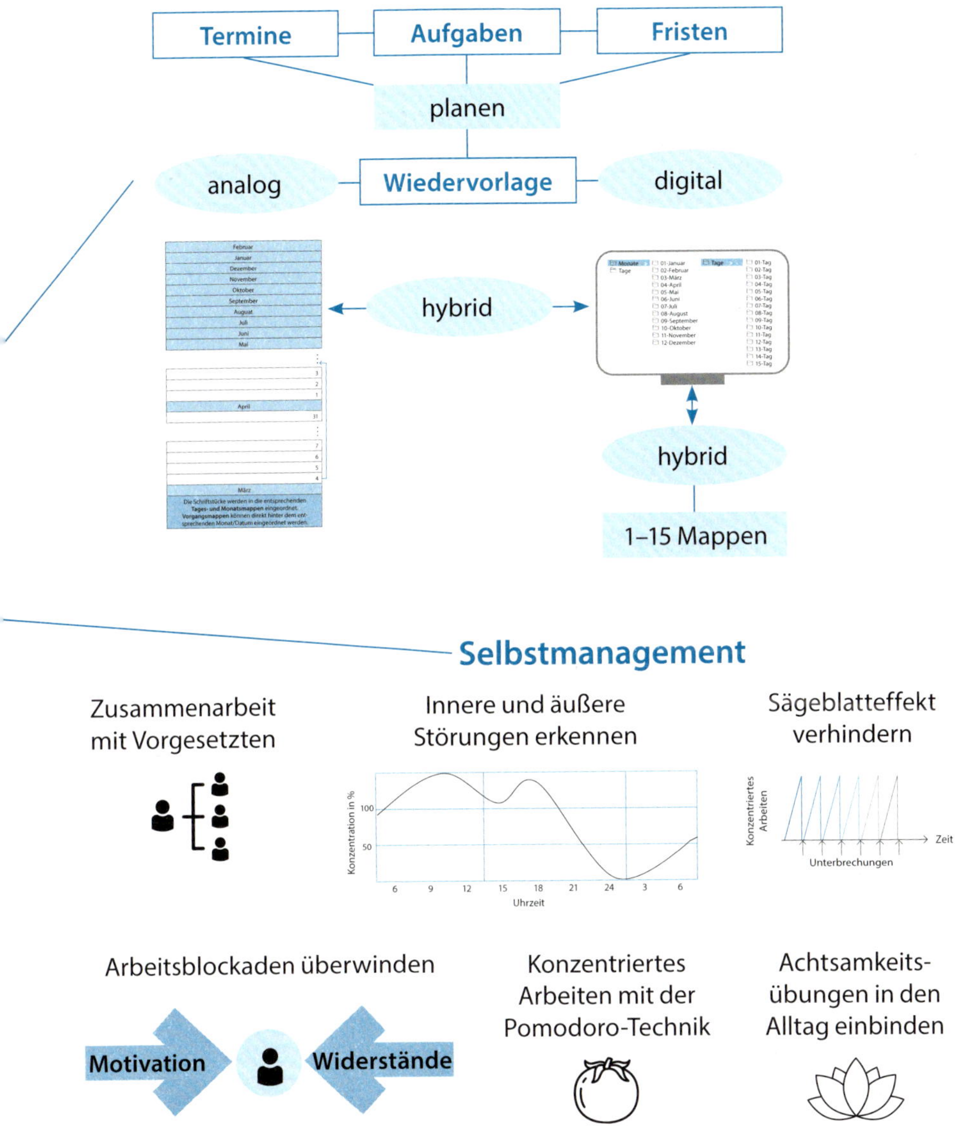
Termine
Aufgaben
Fristen
planen
analog
Wiedervorlage
digital
hybrid
hybrid
1–15 Mappen
Selbstmanagement
Zusammenarbeit mit Vorgesetzten
Innere und äußere Störungen erkennen
Konzentration in %
100
50
6 9 12 15 18 21 24 3 6
Uhrzeit
Sägeblatteffekt verhindern
Konzentriertes Arbeiten
Zeit
Unterbrechungen
Arbeitsblockaden überwinden
Motivation
Widerstände
Konzentriertes Arbeiten mit der Pomodoro-Technik
Achtsamkeitsübungen in den Alltag einbinden

Gerade im Homeoffice rückt der eigene Schreibtisch beziehungsweise der eigene digitale Arbeitsbereich stark in den Fokus. Viele Prozesse laufen hier zusammen, was Ihre Tätigkeit sehr komplex und anspruchsvoll macht. Es geht darum, den Informationsfluss rund um Ihren Schreibtisch zu steuern und im Fluss zu halten. Dabei helfen Ihnen die Bürowerkzeuge Terminkalender, Aufgabenliste, Wiedervorlage und Arbeitsplatzablage. Durch digitale Tools lassen sich viele Prozesse einfacher gestalten. Bevor Sie sich aber für eine App entscheiden, sollten Sie mehrere Tools eine Weile im Probeabo oder kostenlos nutzen, um herauszufinden, welche die passenden Funktionen für Ihre Tätigkeiten haben.

Eine funktionierende Selbstorganisation ist ein gutes Fundament für eine erfolgreiche Zusammenarbeit im Team.

2.1 Ordnung auf Ihrem Schreibtisch und Ihrem Desktop

Schaffen Sie zuerst Ordnung auf Ihrem Schreibtisch. Eine gute Orientierung bieten die Regeln nach der aus der Produktion bekannten 5-A-Methode.

Die 5-A-Methode umfasst 5 Schritte:

1. Aussortieren unnötiger Dinge
2. Aufräumen nach Plan
3. Arbeitsplatz sauber halten
4. Anordnung zur Regel machen
5. Alle Punkte einhalten und ständig verbessern

Schreibtischordnung

»Ordnung ist das halbe Leben!« Diesen Satz assoziieren Sie vielleicht mit gemischten Gefühlen. Übertragen auf unser analoges und digitales Leben kann Ordnung dazu beitragen, den Überblick zu bewahren und sich zu motivieren. Zunächst zeige ich Ihnen, wie Sie an Ihrem Arbeitsplatz Ordnung halten. Nicht selten kommt es vor, dass auf dem Schreibtisch Chaos herrscht. Obwohl wir beruflich sehr viele Prozesse digital bearbeiten, liegen immer wieder Papierdokumente und andere Gegenstände, die vielleicht noch gebraucht werden, herum.

Halten Sie in Ihrem Arbeitsbereich Ordnung. Dazu gehört vor allem, dass alle Bürowerkzeuge einen festen Platz haben und Ihre Schreibtischplatte weitgehend leer bleibt. Nur die Unterlagen, die Sie gerade für die jeweilige Tätigkeit brauchen, sollten sich darauf befinden. Alles andere wird im Schreibtisch, in Rollcontainern oder Regalen untergebracht.

Alle haben eine andere Vorstellung von Ordnung. Gestalten Sie Ihren Arbeitsbereich zu Hause im Homeoffice oder im Büro nach Ihren Bedürfnissen. Sie müssen sich wohlfühlen und wenn Ihnen das gelingt, sind Sie für den Start in den Arbeitstag motiviert.

Aussortieren unnötiger Dinge. Beim Aussortieren ist ein kritischer Blick nötig. Alles, was Sie nicht mehr brauchen, legen Sie weg. Es gibt viele Dinge, die sich im Laufe der Zeit in Schubladen, Schränken und Regalen ansammeln. Für Dinge, von denen Sie sich überhaupt nicht trennen können, stellen Sie einen Karton bereit. Nutzen Sie ihn als Zwischenlager. Kleben Sie auf den Karton eine Liste mit den Gegenständen, die sich darin befinden. Legen Sie ein Datum fest, an dem der Inhalt vernichtet/verschenkt werden kann, falls Sie diese bis dahin nicht mehr gebraucht haben. Tragen Sie diesen Termin in Ihren Terminkalender ein.

Aufräumen nach Plan. Die übrig gebliebenen Gegenstände ordnen Sie sinnvoll und ergonomisch an. Das, was Sie häufig brauchen, sollten Sie in direkter Reichweite auf und um den Schreibtisch unterbringen. Auf dem Schreibtisch liegen nur noch die Dinge, die für die tägliche Arbeit erforderlich sind. Das sind in der Regel PC, Bildschirm(e), Tastatur, Maus, Smartphone, Tablet u. Ä. Jeder Gegenstand hat seinen festen Platz. Für die ruhigen Arbeitsphasen bestimmen Sie für Ihr ausgeschaltetes Smartphone einen Platz außer Sichtweite. Büroutensilien wie Locher, Hefter, Entklammerer, Klebeabroller, Klebestift, Schere und Korrekturlack bewahren Sie nicht auf dem Schreibtisch, sondern im Schreibtisch am besten in einer mit Schaumstoff ausgelegten Ablageschale auf. Schneiden Sie für die jeweiligen Gegenstände eine Aussparung in den Schaumstoff, dann sehen Sie sofort, wenn etwas fehlt. Papierakten, die Sie ständig brauchen, befinden sich einheitlich beschriftet in der Hängeregistratur Ihres Schreibtisches. Ordner, die Sie seltener brauchen, aber die für Ihre tägliche Arbeit notwendig sind, befinden sich nach einem einheitlichen System (siehe S. 56) beschriftetet und geordnet im Schrank.

Arbeitsplatz sauber halten. Stapel auf dem Boden, zugestellte Fensterbänke, gebrauchte Tassen, zugeklebte Bildschirme können sehr belastend wirken – nicht nur optisch. Räumen Sie regelmäßig auf und reinigen Sie Schreibtisch, Schubladen, Schränke, Regale, Bürogeräte u. Ä. Überprüfen Sie in regelmäßigen Abständen, ob Ihr Arbeitsplatz Ihren Vorstellungen entspricht. Denken Sie auch daran, Ihren Arbeitsbereich nach Ihrem Geschmack – nicht übertrieben – mit schönen Accessoires auszustatten.

Anordnung zur Regel machen. Alles hat seinen festgelegten Platz und die Regeln werden eingehalten. Brauchen Sie den Klebestift, dann legen Sie ihn nach Gebrauch wieder an die vorgesehene Stelle zurück. Feste Plätze für Arbeitsmittel reduzieren Suchzeiten und Stress.

Alle Punkte einhalten und ständig verbessern. Geht es etwas hektischer zu, dann schleichen sich gerne wieder die alten Fehler und Versäumnisse ein. Seien Sie vorsichtig: Die Gefahr, wieder in die alte Routine zurückzufallen, ist groß. Nur durch ständige Übung können Sie die neue Routine festigen. Halten Sie durch und versuchen Sie auch, den erreichten Stand kontinuierlich zu verbessern.

Die Clean-Desk-Policy, die Sie vielleicht in Ihrem Unternehmen umsetzen, sollten Sie auch zu Hause praktizieren. So bekommen Sie schon morgens ein Gefühl von Klarheit.

Desktopordnung

Der zweite Blick zu Beginn Ihres Arbeitstages fällt auf Ihren Desktop. Nachdem Sie Ihren Schreibtisch ordentlich aufgeräumt haben, betrachten Sie Ihren Bildschirm kritisch. Kleben rund um den Bildschirm Notizzettel? Befinden sich sich auf Ihrem Desktop Dateien, die Sie irgendwann einmal heruntergeladen haben, lesen oder bearbeiten wollen? All das lenkt Sie ab und raubt Ihnen, schon bevor Sie mit Ihrer Arbeit beginnen, Energie. Halten Sie deshalb auch auf Ihrem Desktop Ordnung.

Wenden Sie auch hier die 5-A-Methode an:
Aussortieren unnötiger Dateien und Ordner. Sichten und löschen Sie die Dateien und Ordner, die Sie nicht mehr brauchen.

Aufräumen nach Plan. Ordnen Sie alle Informationen, die noch gebraucht werden oder die einer gesetzlichen Aufbewahrungsfrist unterliegen, in die Verzeichnisse der Ordnerstruktur Ihres persönlichen oder betrieblichen Bereichs. Sie sollten die Dateien/Ordner nach der festgelegten Namensregelung (siehe S. 57) umbenennen. Wenn Sie diesen Prozess zu einem auf später festgelegten Zeitpunkt durchführen möchten, legen Sie alles, was sich auf Ihrem Desktop angesammelt hat, in einen Ordner mit dem Namen »Desktop-Archiv-20..-00-00«. Ihr Desktop ist mit wenigen Klicks aufgeräumt. Schieben Sie ab diesem Zeitpunkt keine Dateien mehr in dieses Archiv!

Desktop sauber halten. Ordnen Sie die Programme (z.B. Textverarbeitung, Tabellenkalkulation, Präsentation, Dateiablage), die Sie häufig brauchen, auf Ihrer Taskleiste an. Richten Sie sich einen motivierenden Hintergrund ein. Das kann ein eigenes gestaltetes, motivierendes Bild sein oder ein fertiges Hintergrundbild. Wenn Sie Ihren Bildschirm häufig teilen, ist es besser, einen neutralen Hintergrund zu wählen.

Anordnung zur Regel machen. Legen Sie auf dem Desktop nur die Dateien ab, die Sie auch tatsächlich an diesem Arbeitstag brauchen. Alles andere liegt in Ihrer persönlichen oder betrieblichen Ordnerstruktur.

Alle Punkte einhalten und ständig verbessern. Im Laufe der Zeit merken Sie, dass Sie noch einiges verbessern können. Am Ende eines Arbeitstages sollte Ihr Desktop frei von Ordnern und Dokumenten sein.

Schaffen Sie auch Ordnung auf Ihrem Smartphone und Tablet. Löschen Sie Apps, die Sie nicht brauchen und fassen Sie die relevanten Apps in thematischen Gruppen (z. B. Notizen, Gesundheit, Lesen und Hören) zusammen.

2.2 Termine planen

Die Termin- und Aufgabenverwaltung ist eine der wichtigsten Tätigkeiten im Büro. Digital gibt es unzählige Apps, die mit vielen praktischen Funktionen ausgestattet sind. Je nach Vorliebe können Sie für Ihren persönlichen Bereich auch Papierkalender mit unterschiedlichen Einteilungen für die Termin- und Aufgabenverwaltung nutzen. Arbeiten Sie in einem oder mehreren Teams zusammen, ist ein digitales Termin- und Aufgabenmanagement zwingend notwendig.

Grundsätzlich sollten Sie aber nur einen Terminkalender führen.

Für die gute Planung ist es wichtig, zwischen Terminen, Aufgaben und Fristen zu unterscheiden:

Termine — **Aufgaben** — **Fristen**

Termine. Ein Termin ist durch Datum, Uhrzeit und Zeitbedarf gekennzeichnet. In den meisten Fällen findet ein Termin mit anderen Personen innerhalb und/oder außerhalb des Unternehmens statt. Fixe Termine sind vorgegeben, z. B. Geburtstage, Steuertermine. Sie werden gleich zu Beginn eines Jahres eingetragen. Variable Termine werden von Ihnen gesetzt, z. B. Besprechungstermine, Gesprächstermine, Telefontermine. Der Zeitbedarf für einen Termin muss realistisch geschätzt werden. Folgetermine sollten Sie nicht zu eng planen. Ein Zeitpuffer von 50 % der Zeit, die für den Termin eingeplant ist, verschafft genügend Spielraum.

Aufgaben. Eine Aufgabe ist eine Tätigkeit oder Handlung, die von Ihnen erledigt werden muss. Der Zeitbedarf einer Aufgabe muss geschätzt und in das vorhandene Zeit- und Termingefüge eingepasst werden. Dabei sollten Sie Prioritäten setzen und den Zeitpunkt der Erledigung im Kalender eintragen.

Fristen. Eine weitere Terminplanungskomponente sind Fristen. Eine Frist ist ein Zeitraum, dessen Beginn und Ende feststehen, z.B. Steuerfristen. Beginn und Ende der Frist sind im Terminkalender zu planen. In der Wiedervorlage legen Sie innerhalb der Frist individuell Bearbeitungstermine fest.

Bei der Nutzung von digitalen Terminkalendern (z.B. Outlook) sollten Sie dem Grundsatz »**Nur einen Terminkalender führen**« treu bleiben und sicherstellen, dass all Ihre Termine, Aufgaben und Fristen mit Ihren Kommunikationsmitteln (z.B. Smartphone, Tablet) synchronisiert werden.

Elektronische Terminkalender (z.B. Outlook) mit Funktionen für die digitale Zusammenarbeit definieren folgende Begriffe:

Termin	Ereignisse	Besprechungen	Ressourcen
Ist eine Aktivität ohne Beteiligung fremder Personen und Ressourcen. Anderen Personen (z.B. Teammitglieder) kann eine Berechtigung zur Terminführung erteilet werden.	Ereignisse dauern 24 Stunden. Ereignisse sind meistens fixe Termine wie z.B. Messetermine, Betriebsjubiläum. Sie können ein- oder mehrtägig sein.	Dies sind Termine mit mehreren Personen, die einer Absprache bedürfen. Sie können auch die benötigten Räume und Geräte reservieren.	In vernetzten elektronischen Kalendern gibt es die Möglichkeit, Arbeitsmittel, Räume u.Ä. gleichzeitig mit einem Termin oder Ereignis zu buchen.

Funktionen eines elektronischen Terminkalenders:

- **Kalender für andere freigeben.** Um die Termine in einem Team oder einer Abteilung besser koordinieren zu können, gibt es die Möglichkeit, Kalender mit unterschiedlichen Berechtigungen für bestimmte Mitarbeitende freizugeben. Durch die Freigabe von persönlichen Kalendern kann die gemeinsame Terminfindung wesentlich erleichtert werden.

- **Zu Besprechungen einladen.** Wollen Sie eine Besprechung mit mehreren Personen einberufen, können Sie den Betroffenen eine Besprechungsanfrage senden. Diese prüfen, ob sie an diesem Termin Zeit haben und geben Ihnen eine Rückmeldung. Mit dem Terminplanungsassistenten können Sie sich die belegten Zeiten der einzuladenden Personen anzeigen lassen.

- **Terminüberschneidungsfunktion aktivieren.** Sie können Ihren und die freigegebenen Kalender übereinanderlegen und sofort erkennen, welche gemeinsamen Zeiträume frei sind.

- **Ereignis- und Terminserien einrichten.** Dies sind z. B. Teambesprechungen, die einmal in der Woche über einen längeren Zeitraum stattfinden. Ereignisserien können Geburtstage sein, die in die Folgejahre übernommen werden. Termin- und Ereignisserien lassen sich nachträglich verschieben oder löschen.

- **Termine aus E-Mails erstellen.** Mit dem Befehl können Sie aus dem Posteingang einen neuen Termin im Kalender erstellen und die ausgewählte E-Mail als Kopie beim Termin speichern.

- **Termin mit Informationen ergänzen.** Sie können beispielweise ins Notizfeld des Besprechungstermins die Einladung mit Tagesordnung kopieren, im Notizfeld des Terminblatts Notizen ergänzen oder Verlinkungen einfügen. Die kopierten Dokumente liegen weiterhin in der betrieblichen Ordnerstruktur.

- **Terminerinnerungsfunktion aktivieren.** Für wichtige Termine können Sie eine Erinnerung einrichten. Dabei können Sie wählen, ob Sie beispielsweise eine halbe Stunde vor dem Termin erinnert werden möchten.

- **Terminabstimmungstools.** Mit Terminabstimmungstools sparen Sie sich endlose E-Mail-Anfragen, wenn Sie mit mehreren Personen einen gemeinsamen Termin abstimmen möchten. Webbasierte Tools (z. B. https://beta.doodle.com, https://framadate.org) sollten – bevor sie beruflich genutzt werden – auf den Datenschutz geprüft werden. Vor allem im Homeoffice werden diese Tools wegen der Einfachheit in der Bedienung gerne genutzt.

2.3 Aufgaben planen

Neben Terminen sind auch Aufgaben zu planen. Wenn Sie morgens Ihre Arbeit aufnehmen, schauen Sie zuerst in den Terminkalender. Dort stehen die für den Arbeitstag geplanten Termine und vermutlich Erledigungstermine für diverse Aufgaben. Über verschiedene Kommunikationskanäle (z. B. E-Mail, Kurznachrichten, Telefon, Videokonferenzen) werden im Laufe des Tages weitere Aufgaben an Sie herangetragen, die Sie noch an diesem Tag erledigen oder später in Ihr Zeitgefüge einpassen müssen.

Bevor Sie eine Aufgabe annehmen und einen Erledigungstermin oder -zeitraum festlegen, sollten Sie sich folgende Fragen stellen:

- **Bin ich für die Aufgabe zuständig?**
  Meistens sind es die Gefälligkeiten, für die Sie nicht zuständig sind, aber weil Sie nicht »Nein« sagen können oder wollen, nehmen Sie die Aufgabe an. Und schon sind Sie in die Falle getappt. Prüfen Sie, wie viele Ihrer Aufgaben in diese Kategorie fallen und machen Sie sich bewusst, wie Sie beim nächsten Mal reagieren wollen. Ist es eine größere Aufgabe, um die Sie gebeten werden, bitten Sie um etwas Bedenkzeit. Das hilft Ihnen, nicht allzu schnell »Ja« zu sagen. Fällt eine Aufgabe ohne Termin in Ihren Zuständigkeitsbereich, fragen Sie unbedingt nach.

- **Wieviel Zeit benötige ich, um die Aufgabe zu erledigen?** Den richtigen Zeitbedarf für Ihre Aufgaben zu schätzen, ist äußerst wichtig, damit Ihr Zeitbudget nicht überschritten wird. Häufig veranschlagt man für die Erledigung einer Aufgabe zu wenig Zeit. Deshalb sollten Sie, nachdem Sie die erforderliche Zeit für eine Aufgabe geschätzt haben, grundsätzlich die Hälfte als Pufferzeit dazurechnen. Wenn Sie beispielsweise für die Vorbereitung einer Präsentation zwei Stunden geschätzt haben, planen Sie besser drei Stunden ein.

- **Muss ich die Aufgabe priorisiert behandeln**? Um eine Aufgabe richtig priorisieren zu können, müssen Sie wichtige und dringende Aufgaben unterscheiden.

  Wichtige Aufgaben sind immer diejenigen,

  - die, falls sie nicht erledigt werden, große Schwierigkeiten verursachen können.
  - die Sie, Ihr Team oder Ihr Unternehmen weiterbringen.
  - die der langfristigen Entwicklung des Unternehmens dienen.

  Dringende Aufgaben sind oft termingebundene Aufgaben, die Sie mithilfe von Methoden des Zeitmanagements priorisieren können, z. B. die Eisenhower-Box, das Pareto-Prinzip, die ABC-Analyse (siehe S. 40–48).

- **Kann ich die Aufgabe delegieren?** Aufgaben, die nicht wichtig, aber dringend sind, können Sie delegieren, z. B. Routinearbeiten. Geben Sie Aufgaben immer mit einem Termin weiter und behalten Sie deren Erledigung im Blick, z. B. durch einen Eintrag in den Terminkalender oder eine Notiz in der Wiedervorlage.

Die Aufgaben, die von Ihnen erledigt werden müssen, erfassen Sie in einer To-do-Liste. Blockieren Sie in Ihrem Terminkalender die notwendige Zeit für die Erledigung. Legen Sie sozusagen »**Termine mit sich selbst**« fest.

Wenn Sie Aufgaben planen, können Sie unterschiedliche Zeitpunkte festlegen:

- Aufgaben, die Sie noch am gleichen Tag erledigen können, kommen auf die To-do-Liste des aktuellen Tages.
- Für Aufgaben, die erst später fällig sind, legen Sie einen Fälligkeitstermin fest, den Sie in Ihrem Kalender festhalten.

Für Aufgaben, die sukzessive bearbeitet werden, legen Sie mehrere Bearbeitungstermine fest und tragen diese in den Kalender ein.

Eventuell dazugehörige Unterlagen legen Sie in die analoge Wiedervorlagemappe (siehe S. 48) unter dem Datum des ersten Bearbeitungstermins oder Sie verknüpfen die dazugehörigen Dateien mit der digitalen Wiedervorlage.

In **elektronischen Zeitplanungssystemen** (z. B. Outlook) können Sie Ihre Aufgaben verlässlich in einer Aufgabenliste organisieren. Gemeinsam mit dem integrierten Kalender bietet Ihnen das System einen Ort, um Ihre Termine und Aufgaben sicher zu planen.

Dabei ist es wichtig, dass Sie deutlich zwischen Terminen und Aufgaben unterscheiden, damit Ihre Termine im Terminkalender und Ihre Aufgaben in der Aufgabenliste erscheinen. Termine und Aufgaben lassen sich in der Regel über die passende App mit unterschiedlichen Endgeräten (z. B. Smartphone, Tablet) synchronisieren.

To-do-Liste

Ihre Aufgaben sammeln Sie in einer Aufgaben- oder To-do-Liste. Es gibt eine Fülle von Apps (z. B. Any.do, Microsoft To Do), die Sie auch auf Ihrem Smartphone oder Tablet nutzen können. Aber auch hier gilt das Prinzip der Einmaligkeit: **Nutzen Sie nur eine App, um Ihre Listen zu führen.**

Folgende Funktionen helfen Ihnen z. B. in Microsoft To Do, den Überblick zu behalten:

- Alle Aufgaben, die zu Beginn eines Arbeitstages anstehen, werden in »Mein Tag« angezeigt und können – auch aus anderen Listen – ergänzt werden.

- Priorisierte Aufgaben erscheinen automatisch in der Liste »Wichtig«
- Aufgaben-Erinnerungsfunktion
- Automatische Anzeige von Aufgaben mit Fälligkeit in der Liste »Geplant«
- Anlegen von Aufgaben, die ständig wiederkehren
- Aufgaben lassen sich in weitere Unteraufgaben oder Teilschritte zur Erledigung unterteilen
- Automatische Anzeige von Aufgaben in der Liste »Ihnen zugewiesen«, die Ihnen von anderen Personen aus Microsoft Planner zugewiesen wurden; Veränderungen werden automatisch sychronisiert.
- Aufgaben mit Drag-and-drop verschieben und in eine gewünschte Reihenfolge bringen
- Aufgaben, weitere Informationen (z. B. Dateien, Bilder) und Notizen hinzufügen
- Mit anderen Personen Listen teilen
- In den Listen gespeicherte Aufgaben lassen sich mit Microsoft Outlook synchronisieren.

Viele Kommunikations- und Kollaborationsplattformen (z. B. Office 365) haben eine integrierte Termin- und Aufgabenverwaltung (z. B. Outlook) und Tools zur Zusammenarbeit in Projekten (z. B. Microsoft Teams und Planner).

2.4 Aufgaben priorisieren

Aufgaben mit dem Eisenhower-Prinzip priorisieren

Das Eisenhower-Prinzip ist benannt nach dem US-General und späteren Präsidenten Dwight D. Eisenhower. Dieses Prinzip hat er angewandt, um mit seinen Mitarbeiterinnen und Mitarbeitern Aufgaben und Prioritäten festzulegen.

Nach dem Eisenhower-Prinzip sollten Sie zunächst einmal zwischen wichtigen und dringenden Aufgaben unterscheiden.

Wichtige Aufgaben

Sie sind unmittelbar mit Ihren Zielen verknüpft. **Wann** diese Aufgaben erledigt werden, hängt von der **Dringlichkeit** ab.

?

Dringende Aufgaben

Sie müssen sofort erledigt werden. **Wer** die Aufgaben erledigt, hängt von der **Wichtigkeit** ab.

Daraus entwickelte sich die **Eisenhower-Box**. Sie bietet vier Möglichkeiten, die Aufgaben in Kategorien einzuteilen:

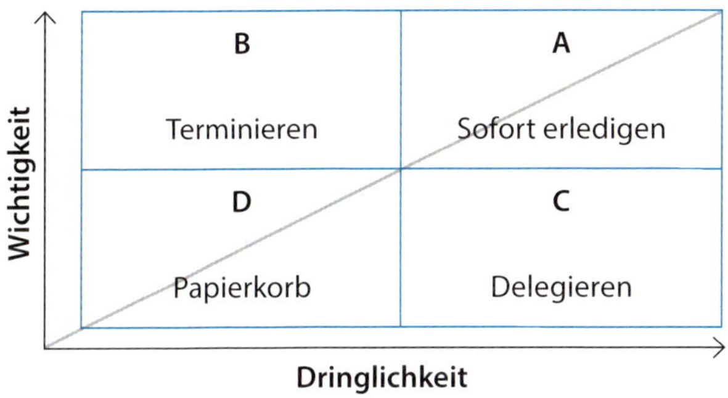

Die Eisenhower-Box wird in einem Koordinatensystem dargestellt. Die senkrechte Achse bedeutet »wichtig« und die waagerechte Achse »dringend«. Daraus ergeben sich vier Kategorien, Aufgaben zu erledigen.

A = Die Aufgaben werden **sofort** selbst **erledigt**
B = Die Aufgaben werden neu **terminiert**
C = Die Aufgaben werden **delegiert**
D = Die Aufgaben wandern in den **Papierkorb**

Aufgaben, die dringend und wichtig sind, müssen **sofort erledigt** werden (A-Aufgaben). Wichtige Aufgaben, die aber noch nicht dringend sind, können **später bearbeitet** werden (B-Aufgaben). Das sind typische Vorgänge, die im Terminkalender oder in der Wiedervorlage terminiert werden. Unwichtige, aber dringende Aufgaben können Sie **delegieren** (C-Aufgaben). Aufgaben, die weder wichtig noch dringend sind, werden **archiviert, endgültig** oder **auf Zeit weggeworfen** (D-Aufgabe).

Beispiel:
Entscheiden Sie nach der Eisenhower-Box:
Frau Kohl hat gerade ihre Posteingangsroutine abgewickelt und liest den neuesten Firmenreport, als das Telefon klingelt. Ihr Chef, Herr Müller, muss dringend die Produktpräsentation für die erkrankte Kollegin, Frau Bauer, in Hamburg übernehmen. Er braucht die Unterlagen und will bis um 14:00 Uhr spätestens von Stuttgart nach Hamburg fliegen. Herr Müller hat aber heute um 14:00 Uhr einen Termin mit der Leiterin der Marketingabteilung, Frau Köhler.

Nach der Eisenhower-Methode sieht die Entscheidungskette wie folgt aus:

- Der **Firmenreport** ist jetzt unwichtig und eine D-Aufgabe.
- Das **Flugticket** kann die Kollegin, Frau Sommer, beschaffen. Dies ist eine C-Aufgabe.
- Mit der Marketingleiterin Frau Köhler muss ein **neuer Termin** vereinbart werden, das ist eine B-Aufgabe.
- Die Unterlagen für die **Produktpräsentation** müssen beschafft werden, das ist eine A-Aufgabe.

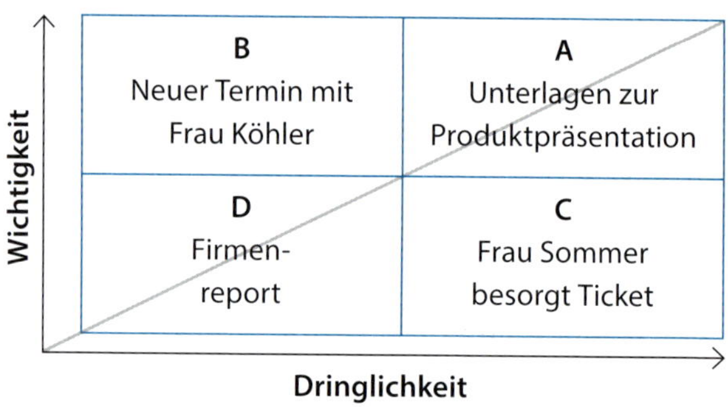

Die Entscheidungskette von Herrn Müller:

- Herr Müller studiert gerade die neue Produktlinie der Konkurrenz, als er die Krankmeldung von Frau Bauer erhält. Die Prospekte sind jetzt unwichtig und eine D-Aufgabe.
- Die neuen Termine, die Frau Kohl für Herrn Müller vereinbart hat, erfasst Herr Müller in seinem Terminkalender. Dies ist eine typische B-Aufgabe.

- Die Unterlagen für die Reise stellt Frau Kohl zusammen, außerdem verschiebt sie die für den Tag geplanten Termine. Für Herrn Müller ist dies eine typische C-Aufgabe.
- Herr Müller telefoniert mit Frau Bauer, um wichtige Informationen über die Gesprächspartner/-innen und die Präsentation zu bekommen. Für Herrn Müller ist das eine A-Aufgabe.

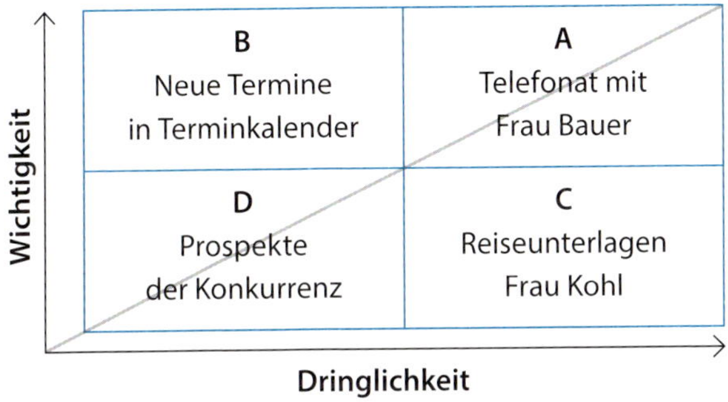

Aufgaben nach dem Pareto-Prinzip planen

Vilfredo Pareto (1848–1923) war ein italienischer Volkswirt und Soziologe, der durch statistische Untersuchungen herausfand, dass 20 Prozent der italienischen Familien 80 Prozent des italienischen Volksvermögens besaßen. Daraus leitete er seine 20 : 80-Regel oder 80 : 20-Regel ab:

Für Aufgaben- und Zeitmanagement ergeben sich daraus zwei Schlussfolgerungen:

1. Für das **Aufgabenmanagement** bedeutet das Pareto-Prinzip: 20 Prozent Ihrer Aufgaben sind so wichtig, dass Sie damit 80 Prozent des Arbeitserfolges erreichen.

2. Für das **Zeitmanagement** bedeutet das Pareto Prinzip: 20 Prozent der eingesetzten Zeit bringen 80 Prozent des Erfolges.

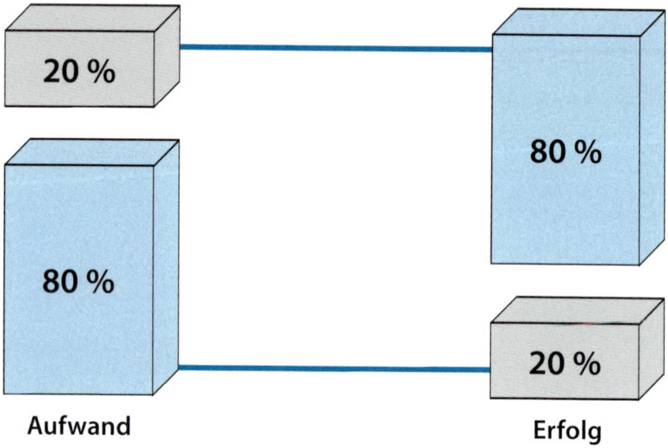

Das Pareto-Prinzip richtig anwenden

- Das Pareto-Prinzip hilft Ihnen bei Ihrer Arbeitsplanung und Arbeitsorganisation. Sie können herausfinden, welche 20 Prozent der Tätigkeiten für Ihren Erfolg bedeutsam sind.
- Der erste Schritt ist, dass Sie Ihre Ziele festlegen. Was wollen Sie an diesem Tag, in dieser Woche oder in diesem Monat erreichen?
- Ermitteln Sie, welche Ihrer Aufgaben **wichtig**, **weniger wichtig** oder **gar nicht wichtig** sind.
- Zügeln Sie Ihren Perfektionismus. Wenn Sie 20 Prozent Ihrer Zeit benötigen, um 80 Prozent Erfolg zu erreichen, bleiben 80 Prozent Zeit, um die weniger wichtigen Aufgaben zum Erfolg zu führen.
- Deshalb sollten Sie immer Prioritäten setzen und Wichtiges zuerst erledigen.

Praktische Anwendung des Pareto-Prinzips für Ihre Aufgabenplanung für einen Arbeitstag:

1. Ziele festlegen
Legen Sie Ihre Ziele für den Arbeitstag fest.

↓

2. Aufgaben zusammentragen
Tragen Sie alle Aufgaben zusammen, die Sie heute erledigen wollen. Erstellen Sie dazu eine To-do-Liste.

Nr.	Aufgabe	20 % wichtig	80 % weniger wichtig	Zeit-bedarf	Bemerkungen
…					
			Zeitbedarf insgesamt	00	

↓

3. Entscheidung treffen
Unter Beachtung Ihres Zieles entscheiden Sie bei jeder Aufgabe, ob es eine **wichtige** oder **weniger wichtige** Aufgabe ist. Setzen Sie Ihr Kreuz an der entsprechenden Stelle.

↓

4. Zeitbedarf schätzen
Schätzen Sie für jede Aufgabe den Zeitbedarf und vermerken Sie dies in der To-do-Liste

↓

5. Priorisierung vornehmen
Wenn Sie alle Aufgaben eingetragen haben, priorisieren Sie die Aufgaben mithilfe der Reihenfolge, in der Sie sie abarbeiten wollen. Tragen Sie dazu in der Spalte »Nr.« die Rangfolge für die jeweilige Aufgabe ein.

↓

6. Aufgaben erledigen
Arbeiten Sie die Aufgaben in der von Ihnen festgelegten Reihenfolge konsequent ab. Sollte der Zeitbedarf über den für den Arbeitstag zur Verfügung stehenden Zeitrahmen hinausgehen, überlegen Sie, ob Sie die Aufgabe delegieren oder streichen können.

Aufgaben nach der ABC-Analyse priorisieren

Im Berufsalltag passiert es recht häufig, dass viel Zeit in nebensächliche oder unwichtige Dinge investiert wird. Die Zeit fehlt am Ende des Arbeitstages für die Erledigung der wichtigen Aufgaben. Die ABC-Analyse ist eine Methode, die Ihnen hilft, wichtige Aufgaben von unwichtigen zu trennen.

Die zu erledigenden Aufgaben werden in drei Kategorien eingeteilt:

A-Aufgaben	wichtig
B-Aufgaben	weniger wichtig
C-Aufgaben	zeitraubende Routinearbeiten

Der Anteil und Zeitaufwand der **A-Aufgaben** ist in der Regel am geringsten, trägt aber am stärksten zur Zielerreichung bei. Bei den **B-Aufgaben** stehen der Zeitaufwand und die Zielerreichung im gleichen Verhältnis zueinander. Die **C-Aufgaben** benötigen die meiste Zeit und beeinflussen den Arbeitserfolg am wenigsten.

Analysieren Sie Ihre Aufgaben und verteilen Sie möglichst viele B- und C-Aufgaben innerhalb Ihres Teams. Erledigen Sie die A-Aufgaben immer selbst.

Wertanalyse der Zeitverwendung

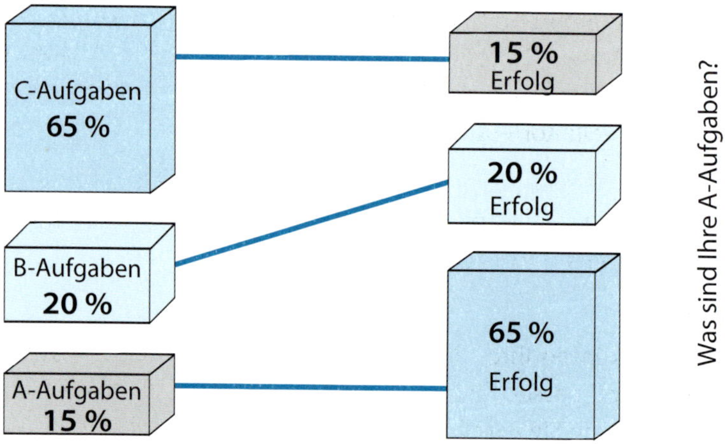

Die ABC-Analyse durchführen

1. Schritt

Tragen Sie über einen längeren Zeitraum (ungefähr drei Wochen) alle Tätigkeiten, d. h. jedes Telefongespräch, jede Kaffeepause, jedes Gespräch mit Kolleg/-innen auf dem Flur u. Ä., in die linke Spalte (Tätigkeiten) und die dafür benötige Zeit in die Spalte »Zeit« der folgenden Liste ein:

Tätigkeiten	Priorität (A, B oder C)	Zeit	Bemerkungen

2. Schritt

Bewerten Sie die Tätigkeiten mithilfe der Spalte »Priorität«. Wie Sie die Tätigkeiten bewerten, hängt sehr stark von Ihren Aufgabenbereichen ab. Sind Sie sich dessen immer bewusst. Oft sind die sogenannten »Lieblingsaufgaben« nicht diejenigen, die zu den A-Aufgaben gehören.

3. Schritt

Analysieren Sie aufgrund Ihrer Liste wie viele A-, B- und C-Aufgaben Sie erledigen. Prüfen Sie anschließend ob das Verhältnis 15 % A-Aufgaben, 20 % B-Aufgaben und 65 % C-Aufgaben stimmt und nehmen Sie gegebenenfalls Korrekturen vor.

Tipp:

Erstellen Sie die Liste am PC, dann können Sie über die Sortierfunktion die A-, B- und C-Aufgaben sehr schnell erkennen.

4. Schritt

Planen Sie zukünftig Ihren Arbeitstag nach den neu gewonnen Erkenntnissen und passen Sie Ihre Prioritäten den laufenden Veränderungen an. Achten Sie auf die richtige Verteilung Ihrer Zeit auf die A-, B- und C-Aufgaben.

Beispiel für die Einteilung eines 8-Stunden-Arbeitstages:

1	2	3	4	5	6	7	8
A-Aufgaben			B-Aufgaben		C-Aufgaben	Puffer für Unvorhergesehenes	

2.5 Wiedervorlagesystem nutzen

Ein sehr bewährtes Aufgaben- und Terminplanungsinstrument ist die **Wiedervorlage**. Sie ist das Herzstück Ihrer Schreibtischorganisation. Wahrscheinlich denken Sie jetzt an verstaubte, dunkelgraue Pultordner, die auch heute noch auf manchen Schreibtischen zu finden sind. Jedoch lässt sich das Prinzip der Wiedervorlage sehr gut auf digitale Zeitplanungssysteme übertragen. Ein hybrides System – teilweise digital und teilweise analog – ist nicht zu empfehlen. Es sei denn, Sie führen Ihre Wiedervorlage mit äußerster Disziplin!

Das Prinzip der Wiedervorlage

Die meisten Aufgaben können Sie nicht immer sofort erledigen. Damit sich die Aufgaben nicht auf Ihrem Schreibtisch oder in Ihrem E-Mail-Posteingang stapeln und nichts vergessen wird, nutzen Sie ein Wiedervorlagesystem. Mithilfe des Wiedervorlagesystems legen Sie im Voraus fest, wann welche Aufgabe bearbeitet werden soll. Die Wiedervorlage ist Ihr persönliches Werkzeug und stellt Ihnen die Aufgaben und die dazugehörigen Unterlagen termingerecht zur Verfügung. Das Wiedervorlagesystem hat eine Monats- und Jahreseinteilung. Die Einteilung 01–31 stehen für die Kalendertage und die Einteilung 01–12 sind für die Monate Januar bis Dezember. Sobald Sie einen Termin oder eine Aufgabe planen, legen Sie die dafür erforderlichen Unterlagen in die Monats- oder Tagesmappe.

Analoge Wiedervorlage

Verwenden Sie eine Papierwiedervorlage, sind Hängemappen im Schreibtischauszug oder Stehmappen in einer Box empfehlenswert. Die Stehmappen sind handlicher, da sie keine Hängevorrichtung haben. Das Arbeiten mit einer Wiedervorlage erfordert Disziplin. Aufgaben, Notizen, Erinnerungen legen Sie in den Monats- oder Tagesordnern ab. Sobald ein neuer Monat startet, sichten Sie die Monatsmappe und verteilen die dort gesammelten Unterlagen auf die Tagesordner.

Zu Beginn eines Arbeitstages sichten Sie die Tagesmappe, erstellen eine To-do-Liste und priorisieren Ihre Aufgaben. Schaffen Sie bis zum Ende des Arbeitstages nicht alle Aufgaben, terminieren Sie diese neu. Die leere Tagesmappe wird hinten eingeordnet.

Die aktuelle Monatsmappe (z. B. März) und der aktuelle Tag (z. B. 04) stehen immer ganz vorne. Alle Tages- und Monatsmappen sind sichtbar und wandern rollierend von vorne nach hinten. Sobald Sie eine Aufgabe erhalten, z. B. »Herr Maier möchte sich bis zum 25. April wegen des Angebots melden«, legen Sie die Unterlagen zu diesem Angebot in die April-Mappe. Sobald der 1. April ganz vorne steht, ordnen Sie die Unterlagen in die Tagesmappe 25 ein. Ruft Herr Maier bis zum 25. April nicht an, werden Sie am 25. April daran erinnert und können nachfassen.

So arbeiten Sie mit der Wiedervorlage:

- Unterlagen, die an einem bestimmten Termin benötigt werden, liegen am betreffenden Tag in der Wiedervorlage.
- Unterlagen, die vor dem Termin gelesen oder bearbeitet werden müssen und Unterlagen, die noch nicht vollständig sind, liegen einen oder mehrere Tage vorher in der Wiedervorlagemappe.
- Für Aufgaben, die sukzessive bearbeitet werden, erstellen Sie eine A4-Notiz mit den Bearbeitungsterminen und sortieren diese beim ersten Termin ein. Nach der ersten Bearbeitung wandern die Unterlagen mit der Notiz in die nächste Terminmappe. Zur Erinnerung können Sie die Bearbeitungs-

termine zusätzlich in Ihren Terminkalender eintragen. So schaffen Sie sich ein verlässliches System und vergessen nichts mehr.

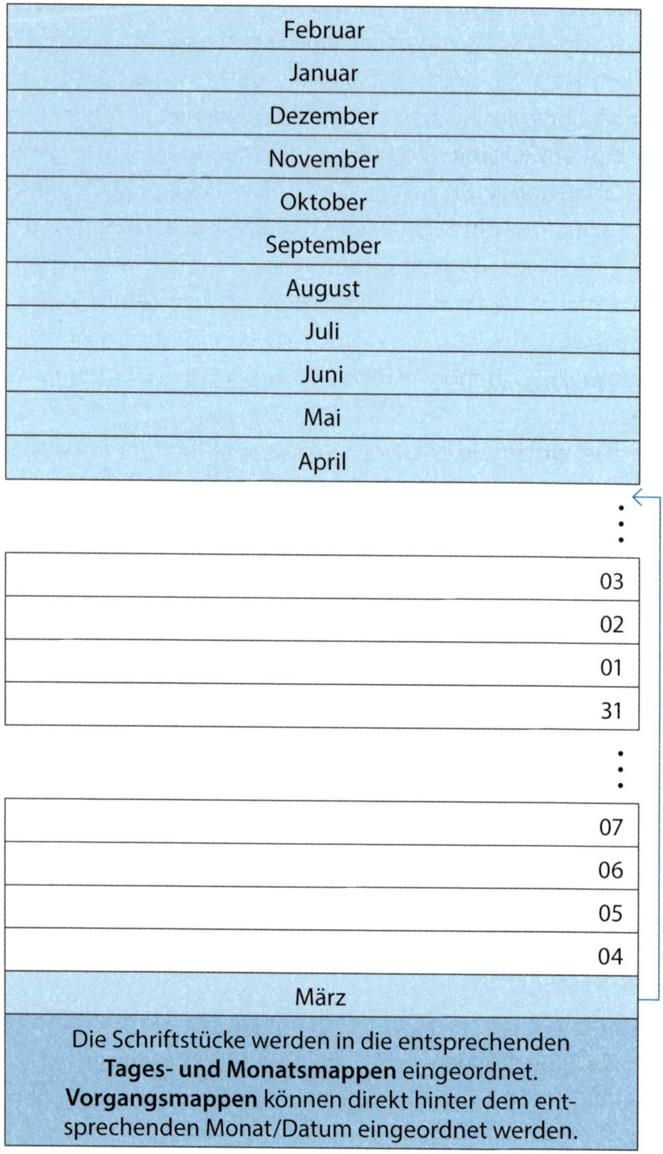

Hybridwiedervorlage

Von einer Hybridwiedervorlage spricht man, wenn Sie einerseits in einem elektronischen Zeitplanungssystem (z. B. Outlook) Ihre Termine und Aufgaben managen, andererseits zu diesen Terminen und Aufgaben Unterlagen in Papierform vorliegen. Sie könnten die Unterlagen einscannen und elektronisch ablegen. Handelt es sich aber eher um flüchtige Informationen (z. B. Einladung zu einer Veranstaltung) oder umfangreiche Unterlagen, dann hilft Ihnen die Einrichtung einer analogen Zwischenablage. Dazu legen Sie in Ihrer Hängeregistratur oder in einer Ordnungsbox fünfzehn Mappen an, die von 01 bis 15 durchnummeriert sind. Je nach Bedarf kann die Anzahl der Mappen erhöht werden. Achten Sie jedoch darauf, dass Sie nicht zu viele anlegen, da sonst die Verwaltung der Mappen mühsam wird. Es ist natürlich auch möglich, parallel eine analoge Wiedervorlage zu nutzen.

Nehmen wir an, Sie erhalten eine Aufgabe mit umfangreichen Unterlagen, die im Original in Papierform aufbewahrt werden müssen. Die Bearbeitung der Aufgabe planen Sie auf den 25. Mai. Den Platz in der analogen Zwischenablage legen Sie in folgenden Schritten fest:

1. Sie wählen eine freie nummerierte Mappe. Im Gegensatz zur analogen Wiedervorlage ist es bei der hybriden Wiedervorlage völlig egal, welche Nummer Sie auswählen.
2. Legen Sie die Unterlagen, die Sie am 25. Mai benötigen, in die ausgewählte Mappe (z. B. Mappe Nr. 11).
3. Erstellen Sie anschließend einen Querverweis in Ihrem elektronischen Zeitplanungssystem. Formulieren Sie für Ihre Aufgabe einen prägnanten Betreff. Sie können die Nummer des Lagerplatzes (Mappe Nr. 11) in den Notizbereich der Aufgabe schreiben oder in den Betreff integrieren.

Beispiele:
Notizfeld: Die dazugehörigen Unterlagen sind in der Wiedervorlage Nr. 11 terminiert.
Betreff: Vertrag des Lieferanten Kurz KG prüfen und an den Vorstand weitergeben. – WV – Mappe Nr. 11

4. Erwarten Sie zum gleichen Vorgang noch weitere Papierdokumente, erweitern Sie die Nummer des Lagerplatzes mit einer kurzen Inhaltsangabe (z. B. 11 – Vertrag Kurz KG).
5. Ist die Aufgabe erledigt, legen Sie die Unterlagen in Ihrer Registratur ab. Die leere Mappe Nr. 11 steht für weitere Vorgänge zur Verfügung. Gibt es in der digitalen betrieblichen Ordnerstruktur einen passenden Ordner, können Sie dort ebenfalls noch einen Querverweis zum Ablageplatz in der Registratur anlegen.

Digitale Wiedervorlage

Zeitplanungssystem. Um die Wiedervorlage in einem Zeitplanungssystem (z. B. Outlook) konsequent planen zu können, müssen Sie Termine und Aufgaben klar voneinander unterscheiden. Aufgaben gelangen meistens über den E-Mail-Posteingang zu Ihnen. E-Mails lassen sich mit wenigen Klicks in Aufgaben umwandeln. Im Aufgabennotizfeld haben Sie die Möglichkeit, Dateien zu einer Aufgabe zu hinterlegen oder die Dateien, falls sie in der betrieblichen Ordnerstruktur abgelegt sind, mit der Aufgabe zu verlinken. Beachten Sie aber, dass beim Synchronisieren Ihres Zeitplanungssystems mit einer App in der Regel die verlinkten Anlagen auf Ihrem Smartphone nicht angezeigt werden. Richten Sie anschließend über die Nachverfolgungsfunktion z. B. in Outlook für die Aufgabe eine Erinnerung ein.

Desktopwiedervorlage. Manchen Menschen fehlt aber das »sichtbare« Prinzip der Wiedervorlage (Tageseinteilung 01 bis 31 und Monatseinteilung 01 bis 12). Falls Sie auch lieber mit der Monats- und Tageseinteilung arbeiten, legen Sie auf Ihrem Desktop die passenden Ordner an:

1. Erstellen Sie zwei Hauptverzeichnisse: Monate und Tage.
2. Unterteilen Sie das Verzeichnis »Monate« in zwölf Unterverzeichnisse von 01-Januar bis 12-Dezember. Die Logik der vorangestellten Nummern sichert die richtige Reihenfolge der Verzeichnisse.

3. Gliedern Sie das Verzeichnis »Tage« in 31 Unterverzeichnisse 01-Tag bis 31-Tag.

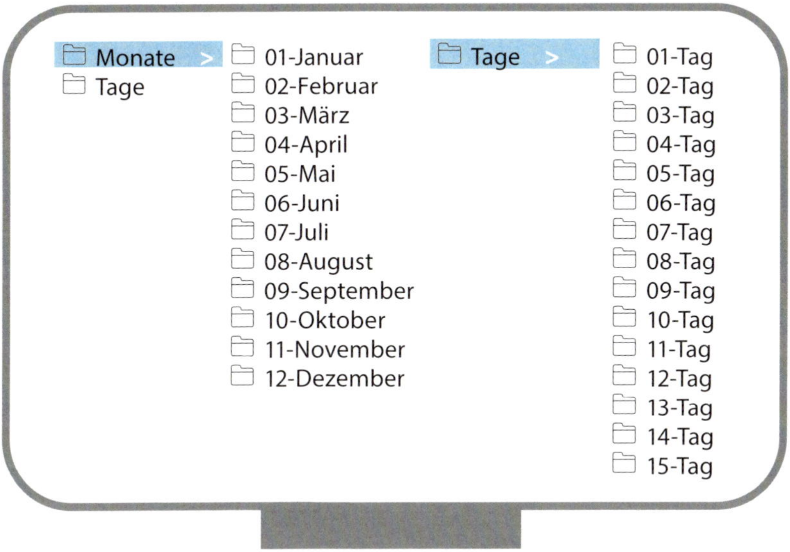

4. Legen Sie Ihre Unterlagen (Textdokumente, Präsentationen, PDFs u. Ä.) zu den Aufgaben als Datei im jeweiligen Ordner ab und tragen Sie die Bearbeitungstermine in den Terminkalender ein. Sind die Unterlagen in Ihrer persönlichen oder in der betrieblichen Ordnerstruktur abgelegt, verlinken Sie die Dateien mit Ihrer Wiedervorlage.
5. Öffnen Sie zu Beginn Ihres Arbeitstages die Tagesmappe!

2.6 Dateiablagesystem entwickeln

Oft ist es eine Herausforderung, die wachsende Anzahl von Dateien auf dem PC sinnvoll abzulegen und zu organisieren. Nicht selten weist die Ordnerstruktur im Betriebssystem eine hohe Anzahl von Ordnern auf. Gesuchte Dokumente verstecken sich in Ästen und Zweigen von vielgliedrigen Strukturen. Zu wichtigen Dokumenten gibt es Verknüpfungen, die ins Leere laufen, weil aus Versehen die Dateien »aufgeräumt« wurden. Doppel- und Mehrfachablagen erschweren die Datenpflege. Das sind nur ein paar Beispiele, die zeigen, wie anstrengend und zeitraubend eine historisch gewachsene Ordnerstruktur sein kann.

Auch wenn Sie in Ihrem Unternehmen ein Dokumentenmanagementsystem nutzen, so ist es für Ihren persönlichen Ablagebereich sinnvoll, eine Ordnerstruktur zu entwickeln. Persönlich heißt auch persönlich! Denn alle Informationen, die ein Team oder das Unternehmen betreffen, müssen in der betrieblichen Ordnerstruktur oder im Dokumentenmanagementsystem abgelegt werden. Für den persönlichen Bereich steht Ihnen in der Regel ein HOME-Verzeichnis zur Verfügung, auf das nur Sie Zugriff haben. Entwickeln Sie eine eigene Datenstrategie für Ihren persönlichen Bereich mit den folgenden Methoden und Systemen:

Das HOME-Verzeichnis nach der 0-bis-9-Methode strukturieren
Die Kennziffern 0 bis 9 sind aus dem dekadischen Ordnungssystem (Zehnergruppe = Dekade) abgeleitet. Das hat den Vorteil, dass jede Ebene durch die Anzahl der Ziffern gekennzeichnet ist. Die Ziffern 0 bis 9 sorgen außerdem dafür, dass die festgelegte Reihenfolge der Ordner erhalten bleibt. In der Dateiverwaltung der meisten Programme würde der PC automatisch in alphabetischer Reihenfolge gliedern. Die zwei- bis vierstelligen Kennziffern können mit oder ohne Bindestrich geschrieben werden. Der Bindestrich schafft eine optische Gliederung und kann helfen, die Strukturen besser zu erkennen.

So erstellen Sie Ihre neue Ordnerstruktur:

1. Verschaffen Sie sich über alle bestehenden Ordner in Ihrem HOME-Verzeichnis einen Überblick.
2. Erstellen Sie eine neue Ordnerstruktur und reduzieren Sie Ihre Ordner auf maximal zehn Ordner auf der 1. Ebene mit den Kennziffern 0 bis 9.
3. Jeder Ordner auf der Hauptebene wird in maximal 10 Unterordner gegliedert. Diese erhalten die Kennziffern 0-0 bis 9-9.

4. Eine mögliche dritte oder vierte Ebene kann dann mit den Kennziffern 0-0-0 bis 9-9-9 und 0-0-0-0 bis 9-9-9-9 gekennzeichnet werden.
5. Setzen Sie die gesamte alte Ordnerstruktur in ein neues Verzeichnis mit dem Namen »Z-Archiv«. Das «Z« im Ordnernamen gewährleistet, dass der Ordner am Ende Ihrer neuen Ordnerstruktur erscheint.

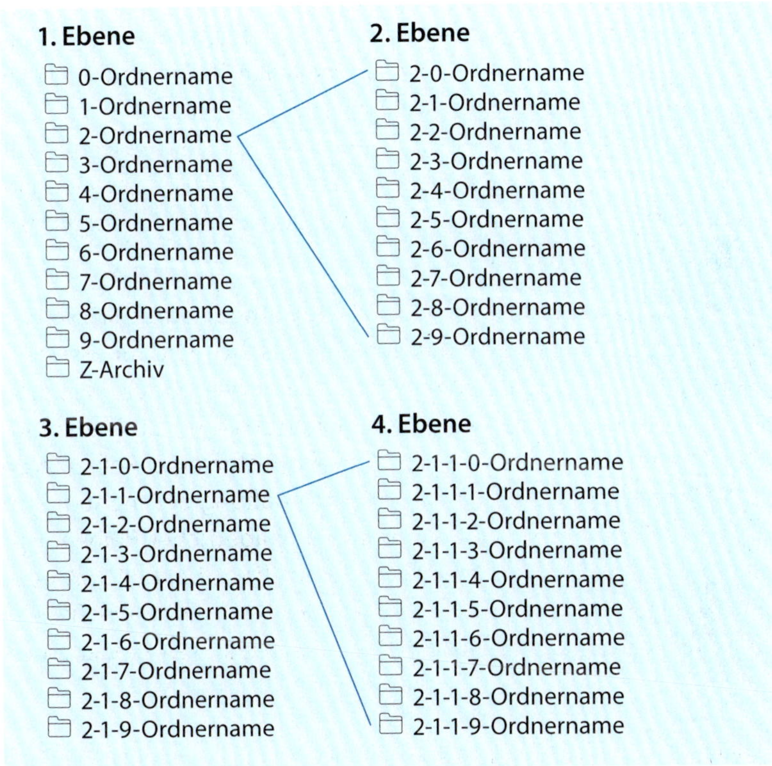

So arbeiten Sie aus der alten in die neue Ordnerstruktur:

Sobald Sie eine Datei in der alten Ordnerstruktur bearbeitet haben, legen Sie sie im passenden Verzeichnis der neuen Struktur ab. Die Dateien werden so sukzessive aus der alten Ordnerstruktur (Z-Archiv) in die neue Struktur (0–9 mit Unterverzeichnissen) überführt. Das gibt Ihnen die Sicherheit, dass durch die Umstrukturierung auch wirklich nichts verloren geht. Meistens sind nach einem Jahr bis maximal 30 % der alten Dateien in die neue Struktur überführt. Die restlichen 70 % werden nicht mehr gebraucht. Betrachten Sie die Ordnerstruktur als ein dynamisches System, das sich ständig an Veränderungen anpasst. Entrümpeln Sie Ihre Struktur regelmäßig und sukzessive im Arbeitsflow. Je schlanker Ihre Ordnerstruktur, desto schneller können Sie alles überblicken.

So übertragen Sie das System auf die papiergebundene Ablage:

Bewahren Sie zur digitalen Ablage noch ergänzend Papierdokumente auf, ist die Papierablage auf die digitale Ordnerstruktur abzustimmen. Kennzeichnen Sie die Mappen in Ihrer Hängeregistratur oder die Ordnerrücken der Papierordner deutlich sichtbar mit den gleichen Themenkennzahlen.

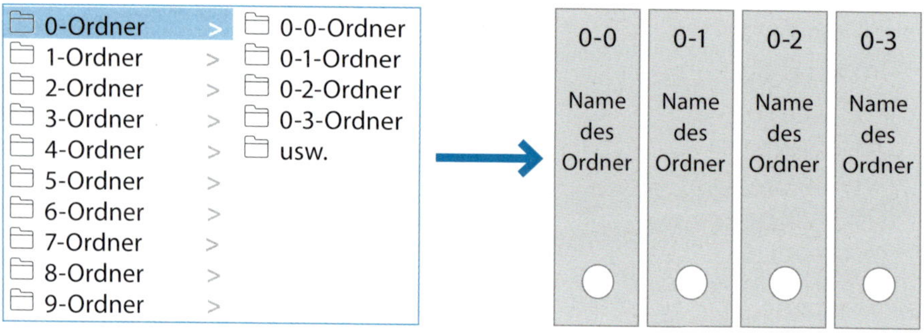

So benennen Sie Ihre Dokumente nach einem einheitlichen System:

Benennen Sie Ihre Dokumente nach einem gut durchdachten System. Manchmal besteht schon eine einheitliche Namensregelung für Dokumente im Unternehmen. Dann übernehmen Sie auch für Ihren persönlichen Bereich das System. Falls noch keine Regelung besteht, können Sie die bewährte Dreier-Formel anwenden:

20xx-05-04-Schmidt-KG-Projektplan.docx

Datum 20xx-05-04	Das Datum sollten Sie in der absteigenden Form Jahr-Monat-Tag angeben. Das hat den Vorteil, dass die Dateien in der Dateiliste alphanumerisch sortiert werden. Damit keine Verwechslung mit der Tag- oder Monatsangabe entsteht, ist die Jahresangabe immer vierstellig anzugeben.
Name Schmidt-KG	Durch den Namen weiß man z. B., um welchen Kunden es geht oder mit wem die Korrespondenz geführt wurde.
Thema Projektplan	Im dritten Teil wird sichtbar gemacht, worum es in dieser Datei geht. Bei der Ablage von Briefen und E-Mails kann auch ein passender Begriff aus der Betreffangabe gewählt werden.

Verwenden Sie zur Trennung der drei Einheiten einen **Bindestrich.** Er lässt sich schnell und unkompliziert schreiben und ist in Dateilisten deutlich lesbar.

Während der Entstehungsphase eines Dokuments werden mehrere Versionen gespeichert. In einem Dokumentenmanagementsystem oder auf Kommunikationsplattformen wird die Versionierung automatisch im Hintergrund vorgenommen. Wenn Sie aber in Ihrem Betriebssystem die Dateien ablegen, müssen Sie dies selbst vornehmen. Damit die Zwischenstände sichtbar werden, kann eine Versionsnummer (…v01) vergeben werden. Ist das Dokument endgültig fertig, wird es mit der Endung »-end« gekennzeichnet.

Beispiele:
20xx-03-26-Verkaufsbericht-v01.docx
20xx-03-29-Verkaufsbericht-v02.docx
20xx-04-01-Verkaufsbericht-end.docx

So richten Sie sich eine Arbeitsplatzablage ein:

Falls bei Ihrer alltäglichen Arbeit am Schreibtisch sowohl Papierdokumente als auch elektronische Dokumente anfallen, entstehen zwei Zwischenspeicher: die digitale Ablage im HOME-Verzeichnis und die analoge Ablage in der Hängeregistratur Ihres Schreibtischs.

> 1-Aktionen
> 2-Themen
> 3-Ideen
> 4-Projekte

Dort liegen die Dokumente solange, bis sie den entsprechenden Prozessen oder Ordnern in der betrieblichen Ordnerstruktur zugeordnet werden können.

Aber auch auf Ihrem Smartphone lassen sich in entsprechenden Apps individuelle Bereiche einrichten, die Sie durch Farben strukturieren können. Erstellen Sie nicht mehr als acht Bereiche. Achten Sie darauf, dass Sie die beiden Ablageorte immer miteinander synchronisieren. Die folgende Struktur gibt Ihnen eine grobe Richtschnur, wie Sie Ihren persönlichen Bereich gestalten können:

Aktionsordner/-mappen. Sie beschreiben eine Tätigkeit/Handlung wie z. B. Bearbeiten, Lesen, Prüfen, Nachfassen, Besprechen. Welche Aktionsordner an Ihrem Arbeitsplatz entstehen, hängt von Ihrer persönlichen Arbeitsweise ab.

Themenordner/-mappen. Themen entstehen durch Arbeitsaufträge oder persönliche Aktivitäten.

Ideenordner/-mappen: Ideen entstehen und werden häufig wieder vergessen. Im Ideenordner sammeln Sie all Ihre Ideen, die Sie kurz- oder langfristig umsetzen wollen.

Projektordner/-mappen: Projekte sind z. B. eine Hausmesse oder eine Werbekampagne planen und durchführen. Hier speichern bzw. legen Sie Dokumente ab, die nur für Sie eine Relevanz haben. In der Regel werden Dokumente zu Projekten auf einer Kommunikations- und Kollaborationsplattform abgelegt, auf die alle Projektmitglieder einen digitalen Zugriff haben.

Arbeiten Sie ausschließlich digital, legen Sie statt einer Arbeitsplatzablage digitale Notizbücher (siehe S. 61) an. Diese lassen sich auf dem Smartphone, Tablet und PC synchronisieren und können immer und überall genutzt werden.

So suchen Sie nach Dokumenten in Windows:

Startmenü anpassen. Für Ordner und Dokumente, die Sie häufig brauchen, können Sie Verknüpfungen im Startmenü einrichten. Das erspart Ihnen, sich jedes Mal durch die Ordnerstruktur zu klicken.

Taskleiste anpassen. Programme (z. B. Word, Excel, PowerPoint) und Ordner lassen sich in der Taskleiste anheften und stehen zum Aufrufen schnell zur Verfügung.

Im Startmenü oder im Explorer suchen. Geben Sie das Thema der gesuchten Datei ins Suchfeld ein. Falls die Suche noch nicht zum Ziel führt, setzen Sie den Suchoperator »Sternchen« ein, z. B. *bewerbung*.pdf. Die Sternchen stehen als Platzhalter für beliebig viele Zeichen vor und nach »bewerbung«.

2.7 Informationen organisieren

Infothek von A bis Z. Die einfachste Möglichkeit, persönliche Informationen abzulegen, ist eine Infothek von A bis Z. Legen Sie ein Unterverzeichnis mit dem Namen »Infothek« an und erstellen Sie in diesem Verzeichnis für jeden Buchstaben einen Ordner.

In der Infothek speichern Sie Informationen, die schnell zur Verfügung stehen sollen. Das können z. B. Hyperlinks zu interessanten Webseiten oder Anleitungen sein, aber auch Informationen zu bestimmten Themen, die irgendwann in Projekten o. Ä. gebraucht werden.

Google Alerts. Google benachrichtigt Sie stets per E-Mail über neue Inhalte im Internet. Wollen Sie immer darüber informiert sein, was im Netz in Verbindung mit Ihrem Namen veröffentlicht wird, geben Sie in das Eingabefeld Ihren Vor- und Zunamen ein. Sie können sich auch über bestimmte Themen oder Organisationen regelmäßig in Kenntnis setzen lassen. Um die E-Mail-Flut einzudämmen, ist eine Benachrichtigung einmal pro Woche ausreichend. Außerdem können Sie die Suchoptionen (z. B. Quellen, Sprache) individuell anpassen.

RSS-Feeds. RSS steht für **R**eally **S**imple **S**yndication und ist so etwas Ähnliches wie ein Newsletter. Es ist ein Benachrichtigungssystem, über das Sie sich zu einem bestimmten Thema mit Informationen eines Anbieters regelmäßig »füttern« lassen können. Sie erhalten ständig aktualisierte Informationen des Anbieters, ohne dass Sie die Internetseite aufrufen müssen. RSS-Feeds können Sie jederzeit löschen. Überlegen Sie genau, welche RSS-Feeds für Ihre tägliche Arbeit nützlich sind.

Recherche im Internet. Wenn Sie im Internet Informationen suchen, ist es nicht schwer, viele Treffer zu erhalten. Schwieriger wird es, wenn Sie zu bestimmten Themen oder Fragestellungen nach qualitativ hochwertigem Material recherchieren. Die folgenden Tipps helfen Ihnen dabei:

- **Wählen Sie die richtige Suchmaschine für die Suchanfrage aus.** Für allgemeine Anfragen können Sie z. B. Google oder Bing nutzen. Anonyme Suchmaschinen, wie z. B. Duckduckgo oder Ecosia, verzichten auf Datentracking. Metasuchmaschinen (z. B. MetaGer) verwenden die Suchergebnisse anderer Suchmaschinen und eignen sich für breit angelegte Suchanfragen. Für wissenschaftliche Inhalte gibt es Suchmaschinen wie z. B. Google Scholar, Infomine oder Scientific Search Engine.
- **Prüfen Sie, ob Ihr Suchbegriff für den gesuchten Content treffend ist.** Falls die gewählten Suchwörter nicht zum gewünschten Ergebnis führen, versuchen Sie es mit Synonymen.
- **Arbeiten Sie mit Operatoren, um Ihre Suchanfrage zu spezifizieren.** Setzen Sie z. B. Sätze in Anführungszeichen, dann wird exakt nach diesen Wörtern in der angegebenen Reihenfolge gesucht.
- **Bewerten Sie die gefundenen Informationen nach Relevanz und Qualität.** Überprüfen Sie die Quellen (z. B. Verfasser, Content, Aktualität, Objektivität, Webseitendarstellung, URL).

PDF-Format. Dokumente im PDF-Format ermöglichen einen sicheren Austausch digitaler Dokumente zwischen verschiedenen Systemen. Eingescannte Dokumente im PDF-Format lassen sich auf eine minimale Dateigröße reduzieren. So können auch Beschäftigte im Homeoffice, die über eine geringe Bandbreite verbunden sind, ihren Posteingang aus der Cloud herunterladen. Viele PDF-Dokumente, ganz gleich wie groß sie sind, lassen sich sekundenschnell über die Volltextsuche durchsuchen.

Es gibt verschiedene PDF-Formate, wie z. B.

- **PDF/X** liefert im Druck sehr gute Ergebnisse.
- **PDF/A** ist ein ISO-Standard, der die langfristige Reproduzierbarkeit von PDF-Dateien sicherstellt. Dieses Format ist für die langfristige Archivierung von Dokumenten geeignet. In PDF/A-Dateien können digitale Signaturen eingebettet werden. Deshalb sollte der gesamte Posteingang im PDF/A-Format gescannt werden.
- **PDF/H** wurde für den standardisierten Austausch von Patientendaten im Gesundheitswesen entwickelt.
- **PDF/HA** ist Standard für barrierefreie Dokumente.

2.8 Ideen und Notizen sicher speichern

Neben Ihrer persönlichen Dateiablage ist es für Ihren Informationsfluss wichtig, auch für Ideen und Notizen einen geeigneten Ablageort festzulegen.

Ideen sind Gedanken, die in ganz unterschiedlichen Situationen entstehen – meistens, wenn Sie nicht am Schreibtisch sitzen. Es sind Aufgaben, die oft aus der eigenen Motivation entstehen und die Sie beruflich oder persönlich weiterbringen.

Ideen

- … sind Geistesblitze.
- … sind oft noch nicht ganz klar.
- … gehen leicht verloren.
- … entwickeln sich zu Aufgaben oder Projekten.
- … lassen sich nicht immer gleich umsetzen.
- … werden manchmal nicht mehr weiterverfolgt.
- … werden im Team weiterentwickelt.

Notieren Sie Ihre Ideen unmittelbar nachdem sie Ihnen in den Sinn kamen, sonst geraten sie womöglich in Vergessenheit. Am besten erfassen Sie Ihre Gedanken mithilfe des Smartphones, das Sie in der Regel immer dabeihaben und das Sie mithilfe einer App mit dem passenden Ablageplatz in der Cloud Ihrer Organisation verbindet. Sie können in Ihrem digitalen Notizbuch oder in Ihrer analogen Arbeitsplatzablage die Bereiche »Beruflich« und »Persönlich« anlegen und dort weiteres Material zu Ihren Ideen sammeln. Ideen haben nicht wie Aufgaben einen Erledigungstermin, sondern werden eher langfristig umgesetzt.

Sichten Sie den Ideenordner regelmäßig, spätestens am Monatsende. Erstellen Sie eine Wiedervorlagenotiz oder legen Sie eine Erinnerung in der Wiedervorlage in der passenden Monatsmappe ab. Das kann ein A4-Blatt mit der Aufschrift »Ideenordner sichten« sein, das rollierend von Monat zu Monat wandert. Ein A4-Blatt deswegen, weil kleine Zettel sehr schnell verloren gehen. Wenn Sie ausschließlich digital arbeiten, vermerken Sie die Ideensichtung in Ihrem elektronischen Terminkalender.

Bewerten Sie anschließend Ihre Ideen. Manche sind reif für konkrete Aufgaben oder neue Projekte, andere wiederum haben sich vielleicht erledigt und können gelöscht werden.

Notizen entstehen beispielsweise während Telefongesprächen, in Besprechungen, Seminaren oder im Unterricht. Es sind Mitschriften oder Stichworte, die als Gedächtnisstütze dienen. Notizen können handschriftlich oder digital erstellt werden.

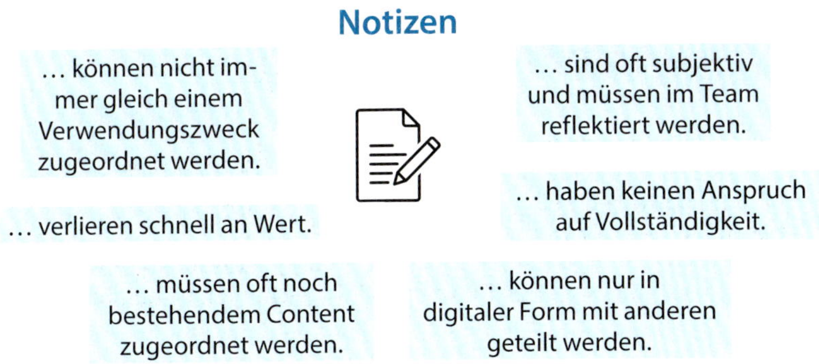

Im beruflichen Kontext ist es sinnvoll, Notizen digital zu organisieren. Die meisten Office-Anwendungen haben in ihrem Portfolio eine passende Anwendung.

Digitale Notizbücher. In digitalen Notizbüchern (z. B. OneNote, Bear, Evernote, Good Notes) lassen sich handschriftliche Notizen mithilfe eines elektronischen Eingabestiftes leicht erstellen. Der Eingabestift ist über Bluetooth mit dem Gerät verbunden. Da das Schreiben mit dem Stift auf der glatten Oberfläche des Tablets gewöhnungsbedürftig ist, gibt es für ein besseres Schreibgefühl spezielle Folien, die auf der Tabletoberfläche angebracht werden können. Über die eingeblendete oder eine angeschlossene Tastatur erfassen Sie schnell Fließtexte. Mit einem Web-Clipper, einer Zusatzfunktion, können Sie Inhalte von einer Webseite schnell in Ihrem Notizbuch erfassen und speichern. Welches Notizbuch für Sie geeignet ist, hängt sehr stark von Ihren Nutzungsgewohnheiten ab.

Anforderungen an ein digitales Notizbuch:

- Intuitive und schnelle Bedienung
- Nutzung und Synchronisierung der Inhalte auf verschiedenen Geräten (Smartphone, Tablet, Notebook)
- Integration verschiedener Informationsarten (z. B. Text, Bild, Audio, Video) in Notizen
- Notizen mit anderen Personen teilen und gemeinsam daran arbeiten

- Schnelles und einfaches Speichern von Inhalten aus Webseiten in einer Notiz, z. B. durch einen Web-Clipper
- vorgefertigte Vorlagen für eigene Notizen, z. B. Tabellen, Protokolle
- Suchen nach Inhalten im Notizbuch über eine Suchfunktion (z. B. im PDF und Screenshot, in handschriftliche Notizen)
- Umwandlung handgeschriebener Notizen in gedruckten Text
- Strukturierung der Notizen in verschiedene Ablageebenen oder über Tagging
- Audioaufzeichnungen vornehmen und in die Notiz integrieren
- Spracherkennungsfunktion, die das gesprochene Wort automatisch in Text umwandelt
- PDF-Bearbeitung mit Stift und Kommentaren
- Scanfunktion
- Erinnerungsfunktion

CHECKLISTE – NOTIZEN ERSTELLEN		
Gestalten Sie aussagekräftige Notizen:		
1.	Wählen Sie eine selbst erstellte oder eine Appvorlage für Notizen.	☐
2.	Datum, Ort und Zeit festhalten.	☐
3.	Name, Abteilung, Funktion – falls die Notizen mit anderen Personen geteilt werden.	☐
4.	Thema kurz und prägnant formulieren.	☐
5.	Inhalt mit kurzen Sätzen beschreiben und mit Nummerierungs- oder Aufzählungszeichen strukturieren.	☐
6.	Kopierte Elemente (z. B. Texte Bilder, Video, Audio) aus dem Internet gleich mit Quellenangaben ergänzen.	☐
7.	Vereinbarungen festhalten.	☐
8.	Die nächsten Schritte kurz beschreiben.	☐

Papiergebundene Notizbücher. Wer dennoch gerne ein papiergebundenes Notizbuch bevorzugt und auf individuelle Gestaltungsmöglichkeiten Wert legt, kann z.B. ein Bullet-Journal nutzen. Außerdem gibt es schön gestaltete Notizbücher (z.B. Ein guter Plan, Change Journal, Klarheit Kalender), die Sie in Ihrer Persönlichkeitsentwicklung unterstützen.

2.9 Selbstmanagement

Zusammenarbeit mit Vorgesetzten aus dem Homeoffice

Sie möchten, dass Ihr Engagement und Ihre Arbeitsergebnisse auch im Homeoffice wahrgenommen werden? Folgende Tipps helfen Ihnen:

- Treffen Sie klare Absprachen zur persönlichen Erreichbarkeit und Arbeitszeit.
- Achten Sie auf eine regelmäßige Kommunikation mit Ihren Teammitgliedern und stimmen Sie sich mindestens einmal wöchentlich mit Ihrem/Ihrer Vorgesetzten ab.
- Prüfen Sie, ob alle Berechtigungen zu den von Ihnen benötigten Daten eingerichtet sind.
- Bereiten Sie für die wöchentliche Absprache mit dem/der Vorgesetzten eine Liste mit den zu besprechenden Themen (z.B. in OneNote) vor, sodass Sie sich während des Gesprächs zu jedem Punkt Notizen machen können. Sammeln Sie alle Notizen mit den Absprachen in Ihrer persönlichen Ablage als Nachweis.
- Zeigen Sie Engagement und Leistungsbereitschaft. Falls einige Aufgaben wegfallen und keine dazukommen, bieten Sie Ihre Mitarbeit, nach Absprache mit dem/der Vorgesetzten, in anderen Projekten an. Werden Sie selbst aktiv.
- Entwickeln Sie Expertenwissen z.B. zur digitalen Protokollführung und zeigen Sie Ihre Kenntnisse im Umgang mit digitalen Tools.
- Betrachten Sie Kritik als Chance, sich weiterzuentwickeln.

Innere und äußere Störungen erkennen

Störungen können durch uns selbst (persönliche Störungen) oder andere Personen (äußere Störungen) verursacht werden. Machen Sie es sich bewusst, welche Störung gerade Ihre Konzentration unterbricht und fokussieren Sie sich auf das, was Sie gerade tun.

Persönliche Störungen entstehen zum Beispiel

- **psychologisch bedingt:** Unlust, Schwatzhaftigkeit, Ängste, Sorgen oder Übermüdung
- **selbst verursacht:** Unordnung, Tagträumen, soziale Medien, mangelndes Zeitmanagement, mangelnde Kompetenz, eingeschaltete Benachrichtigungen auf dem Smartphone

Äußere Störungen entstehen zum Beispiel

- **durch andere Personen:** Kolleginnen und Kollegen, unangemeldeter Besuch, geöffnete Chatfenster auf dem Desktop, keine klaren Absprachen im Team
- **durch Reize:** schlechtes Raumklima, Geräusche, Lärm, Unordnung, visuelle Reize (z. B. Sonne, Aktenberge), Gerüche

Persönlichen und äußeren Störungen können Sie entgegenwirken, wenn Sie bei Ihrer Zeitplanung die Leistungskurve beachten. Die wichtigsten Aufgaben erledigen Sie, wenn Sie am leistungsfähigsten sind. Die Tiefpunkte in der Leistungskurve kennzeichnen die Zeiten, die Sie besser für Pausen, Routinearbeiten oder informelle Gespräche mit den Kolleginnen und Kollegen nutzen.

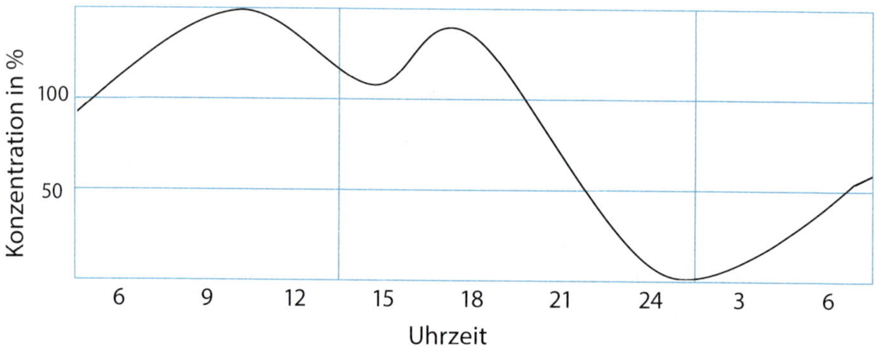

Sägeblatteffekt

Wollen Sie nach einer Störung an der gleichen Stelle weitermachen, benötigen Sie ungefähr 40 Prozent mehr Zeit, um an der gleichen Stelle anzuknüpfen. Dies nennt man den Sägeblatteffekt. Reservieren Sie sich mehrmals am Tag Zeiträume, in denen Sie ungestört arbeiten können.

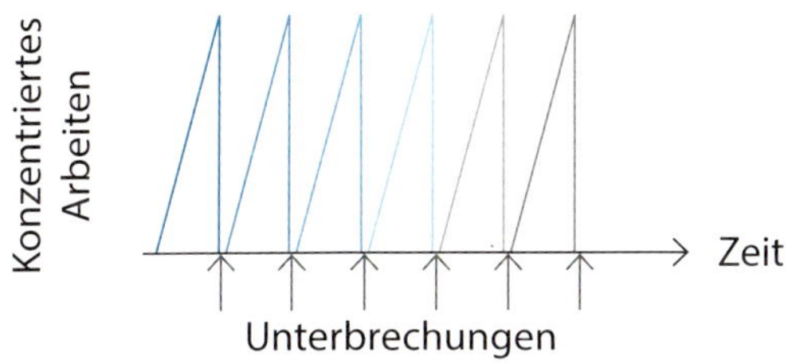

Arbeiten Sie konzentriert mit der Pomodoro-Technik

Die Pomodoro-Technik entwickelte Franco Cirillo. Sie hilft Ihnen, ineffizientes Arbeiten zu bekämpfen. Franco Cirillo kam die Idee, als er eine Küchenuhr in Form einer Tomate benutzte, um sich konzentrierte Phasen für die Bearbeitung einer Aufgabe zu verschaffen. Durch die Technik beeinflussen Sie vor allem die **persönlichen Störungen**. Da Ihre Motivation mit jeder 25-minütigen Arbeitsphase steigt, erledigen Sie fast doppelt so viel wie vorher.

So erreichen Sie einen konzentrierten Arbeitsfluss:

- Vor Beginn mit der Bearbeitung Ihrer vorgenommenen Aufgabe schalten Sie alle Störfaktoren aus.
- Stellen Sie den Wecker auf 25 Minuten ein. Ganz praktisch ist die App »Alarm & Uhr« auf dem Windowsrechner.
- Bearbeiten Sie die Aufgabe konzentriert. Lassen Sie sich durch nichts stören.
- Nach 25 Minuten legen Sie eine Pause von 5 Minuten ein. Danach folgt der nächste Schritt.
- Sind vier Zeiteinheiten geschafft, dann legen Sie eine Pause von 30 Minuten ein.

Sie können die Intervalle auch erhöhen. Wichtig ist aber, dass Sie in dieser Zeit nicht gestört werden. Über den Arbeitsalltag hinweg können mehrere Pomodoro-Phasen verteilt werden.

Unliebsame Aufgaben nicht aufschieben

Alle kennen das: Sie schieben eine unliebsame Aufgabe von einem auf den anderen Tag, obwohl der Abgabetermin immer näher rückt. Das kostet Zeit und Energie.

Folgende Tipps helfen Ihnen, die Aufgabe zu bearbeiten:

- Planen Sie die Bearbeitung der Aufgabe am Vorabend.
- Große Aufgaben gliedern Sie in kleine Teilaufgaben und tragen die Bearbeitungszeit in den Terminkalender ein.
- Achten Sie auf realistische Pufferzeiten.
- Belohnen Sie sich, wenn Sie ein Teilziel erreicht haben. Das motiviert, weiterzumachen.
- Wechseln Sie zwischen angenehmen und unangenehmen Tätigkeiten.

Zusammenfassung: Wie Sie Arbeitsblockaden überwinden

Sie kennen vielleicht das ungute Gefühl: Ein Arbeitspaket muss bald fertig sein – jedoch verzettelt man sich dauernd und kommt dadurch nicht voran. Kurz vor der Teambesprechung gerät man in Panik. Zunächst hilft da eine gute Portion Selbstvertrauen. An sich selbst und seine Fähigkeiten zu glauben, motiviert. Denken Sie positiv. Und vor allem: Denken Sie an Ihre Erfolge und nicht daran, was misslungen ist.

Folgende Tipps helfen Ihnen Arbeitsblockaden zu überwinden:

- **Verschaffen Sie sich Klarheit darüber, was Sie motiviert und was Sie blockiert!**

Motivation
Was spricht dafür, die Aufgabe zu erledigen? →

← **Widerstände**
Was hält mich davon ab?

- **Beginnen Sie den Tag mit einem genauen Tagesplan.**
  - Notieren Sie sich alle Aufgaben, die Sie an einem Tag erledigen wollen.
  - Schätzen Sie für jede Aufgabe den Zeitbedarf.
  - Planen Sie Pausen ein.
  - Prüfen Sie am Ende des Tages, inwieweit Ihre Einschätzung richtig war.

Tagesplanung durchführen	Aufgabe 1	Pause	Aufgabe 2	Pause	Aufgabe 3	Pause	Aufgabe 4	Pause	Aufgabe 5	Pause	Aufgabe 6	Wurde alles geschafft?

- **Achten Sie auf eine gute Organisation rund um Ihren Schreibtisch.**
  Mit diesen zwei Maßnahmen haben Sie schon viel gewonnen:
  - Auf dem Schreibtisch befinden sich nur die Unterlagen, die Sie für die augenblickliche Arbeit brauchen. Sonst sind die Ablenkungen zu groß.
  - Stellen Sie Ihren Bürostuhl optimal auf Ihren Körper ein und achten Sie auf eine gute Ausleuchtung des Arbeitsplatzes (siehe S. 15).
- **Fangen Sie immer mit der wichtigsten Aufgabe an.**
  - Es ist nicht ganz einfach, dringende und wichtige Aufgaben voneinander zu unterscheiden. Der häufigste Fehler wird dabei gemacht, dass man den dringenden Aufgaben, die von anderen an uns herangetragen werden, eine zu hohe Priorität einräumt und sie zu seinen wichtigen Aufgaben macht. Deshalb prüfen Sie, ob die Erledigung einer Auf-

gabe Sie Ihren Zielen näher bringt und legen Sie danach die Reihenfolge fest (siehe auch S. 40).
- Aufgaben, die innerhalb von fünf Minuten erledigt werden können, bearbeiten Sie gleich.

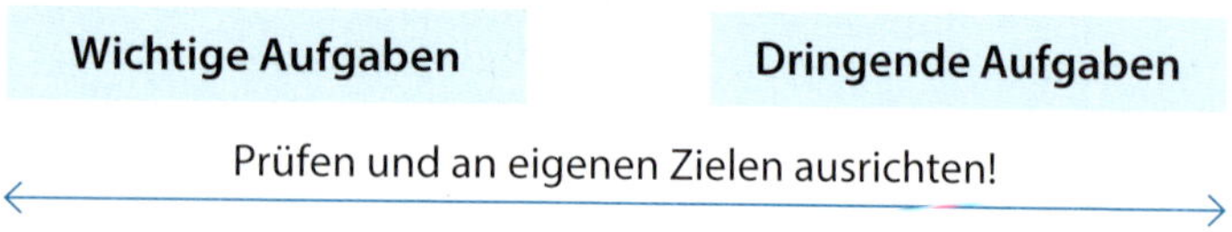

- **Lassen Sie sich nicht stören!**
Schalten Sie möglichst viele Störquellen wie Handy, Telefon, offene Tür usw. aus. Kommt es trotzdem zu einer Störung, prüfen Sie, ob Sie sie selbst verursacht haben – sich also ablenken ließen – oder ob sie von außen kommt. Bleiben Sie nach der Störung bei Ihrer Arbeit und verzetteln Sie sich nicht mit Beschäftigungen wie Kaffee holen, E-Mails abrufen o. Ä.

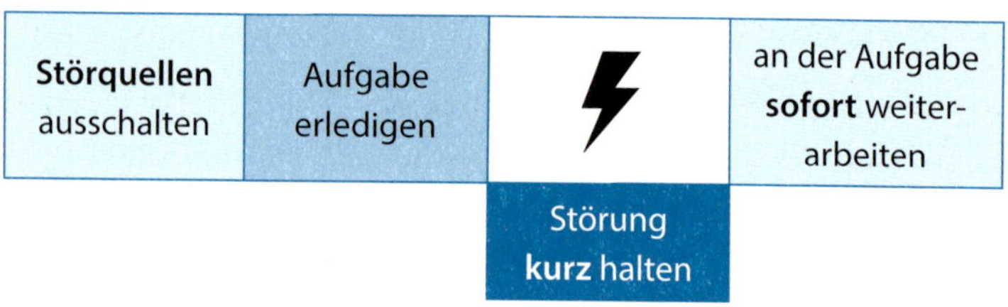

- **Legen Sie für Ihre Aufgabe Teilziele fest und belohnen Sie sich!**
Zerlegen Sie die Aufgabe in Teilziele – auch wenn die Aufgabe noch so klein ist. Sie werden merken, nach jedem erreichten Teilziel steigt Ihre Motivation. Auf keinen Fall sollten Sie die Aufgabe vor sich herschieben, um sie dann im Block abzuarbeiten.

- **Zügeln Sie Ihren Perfektionismus.**
  Es ist nicht immer notwendig, eine Aufgabe mehrmals zu prüfen. Perfektionisten neigen dazu, eine Aufgabe immer wieder durchzugehen, um Verbesserungen vorzunehmen. Wichtig ist, dass Fehler verbessert werden. In der Regel reicht ein Durchgang, um grobe Fehler zu finden.

Achtsamkeit üben

Achtsamkeit kann entspannter, zufriedener und letztendlich auch gesünder machen. Immer mehr Unternehmen ermutigen Ihre Beschäftigten, etwas für ihre mentale Gesundheit zu tun. Mithilfe von Kursen, Büchern, Meditationsapps können Sie lernen, die eigenen Emotionen wahrzunehmen und zu akzeptieren. Dann fällt es Ihnen leichter, in schwierigen Situationen mit Ihren Gefühlen besser umzugehen und in stressigen, arbeitsintensiven Phasen konzentrierter und entspannter zu bleiben.

Binden Sie kleine Achtsamkeitsübungen bewusst in Ihren Arbeitsalltag ein:

- Nutzen Sie die ersten 45 Minuten Ihres Arbeitstages für wichtige Tätigkeiten und Aufgaben. Planen Sie feste Zeitfenster zum Lesen und Bearbeiten Ihrer E-Mails.
- Beantworten Sie möglichst keine beruflichen E-Mails in Ihrer Freizeit.
- Erledigen Sie alle Aufgaben, die nicht länger als fünf Minuten dauern, nach dem Sofortprinzip: selbst erledigen, planen oder delegieren, nicht relevante Informationen sofort löschen, Informationen, die nicht weiterverarbeitet werden, ablegen.
- Bevor Sie sich einer neuen längeren Aufgabe widmen, halten Sie kurz inne. Richten Sie im Sitzen mit geschlossenen Augen die Konzentration für ein bis zwei Minuten lang nach innen. Die Aufmerksamkeit fokussieren Sie auf den Atem.
- Reagieren Sie nicht bei jedem Signal, wie z. B. dem Aufblinken eines Handys, sondern treffen Sie eine aktive, selbstbestimmte Entscheidung, ob Sie dem Impuls nachgeben.

- Legen Sie Ihr Handy für ungestörte Arbeitsphasen in eine Handyschublade, damit es außer Sichtweite ist.
- Achten Sie während des Arbeitstages auf sich selbst und halten Sie kurz inne. Fragen Sie sich, ob Sie noch konzentriert arbeiten oder eine Pause brauchen.
- Meditieren Sie täglich 10 Minuten. Kommen Sie zur Ruhe und konzentrieren Sie sich ganz auf den Augenblick und Ihren Atem.
- Überprüfen Sie Ihren täglichen Medienkonsum. Bleiben Sie nicht zu lange in den sozialen Netzwerken – vor allem vor dem Schlafengehen.
- Akzeptieren Sie Dinge, die Sie nicht ändern können und gehen Sie selbstfürsorglich mit sich selbst um.

Den Homeofficetag strukturieren

Im Homeoffice ist es nicht immer leicht sich selbst zu motivieren. Gestalten Sie deshalb Ihr Arbeitsumfeld und die Arbeitsbedingungen möglichst so, dass Sie sich wohlfühlen. Dazu gehört auch ein gut strukturierter Arbeitstag.

CHECKLISTE – HOMEOFFICETAG GESTALTEN		
Folgende Tipps helfen Ihnen, fokussiert und produktiv durch den Arbeitstag zu kommen:		
1.	**Die Aufgaben für den nächsten Arbeitstag planen.** Verschaffen Sie sich am Ende des Arbeitstages einen Überblick (Terminkalender, Wiedervorlage, Aufgabenliste) über alle Aufgaben, die Sie am darauffolgenden Tag erledigen sollen.	☐
2.	**Starten Sie positiv in den Arbeitstag.** Beginnen Sie mit einer kleinen, erfreulichen Aufgabe oder Tätigkeit. Das vermittelt Ihnen für die kommenden Stunden ein positives Grundgefühl.	☐

3.	**Vermeiden Sie Multitasking.** Wenn Sie konzentriert und effizient arbeiten wollen, widmen Sie sich nur einer Aufgabe. Sobald eine weitere Aufgabe dazukommt, sind Sie nicht mehr aufmerksam. Beschäftigen Sie sich nacheinander mit den anstehenden Aufgaben.	☐
4.	**Große Aufgaben richtig einschätzen und zeitlich passend planen.** Oft verwendet man viel Zeit für kleinere Aufgaben, die sich schnell erledigen lassen. Das kann dazu führen, dass sich am Ende des Arbeitstages die aufwendigeren und größeren Aufgaben stauen und Sie unter Zeitdruck geraten.	☐
5.	**Setzen Sie Prioritäten.** Es versteht sich von selbst, dass Sie die Aufgaben, die Sie als wichtig und dringend bzw. wichtig, aber nicht dringend priorisiert haben, bevorzugt behandeln (siehe S. 37). Die Gefahr lauert eher da, dass Sie sich vermutlich zu viele Aufgaben für den Tag vorgenommen haben.	☐
6.	**Planen Sie Pufferzeiten ein.** Verplanen Sie nur etwa 50 bis 60 Prozent Ihrer Arbeitszeit, der Rest ist für Pausen, Unvorhergesehenes, kreative Prozesse und soziale Kontakte.	☐
7.	**Reservieren Sie Zeit für störungsfreie Arbeitsphasen.** Informieren Sie im Voraus Ihre Familienmitglieder/Mitbewohner/-innen, in welcher Zeit Sie nicht gestört werden möchten. Bringen Sie Ihr Telefon in die Handygarage, und legen Sie vorher eine aktive Pause ein, z. B. durch Meditieren.	☐
8.	**Pausen sind wichtig.** In Pausen regenerieren Sie Ihre Leistungsfähigkeit. Planen Sie kurze und längere Pausen sinnvoll in Ihren Arbeitsalltag ein. Beachten Sie dabei Ihre Leistungskurve. Ihr Arbeitstag sollte eine längere Mittagspause haben. Die kürzeren Pausen ergeben sich durch Achtsamkeit mit sich selbst, wenn Sie beispielsweise spüren, dass Sie sich nicht mehr gut konzentrieren können.	☐
9.	**Sind Sie konsequent – auch zu sich selbst!** Überwinden Sie Ihren »inneren Schweinehund«, falls er sich bei unangenehmen Aufgaben meldet! Aufschieben kostet Zeit und Energie und verursacht ungute Gefühle.	☐

2.10 Sich digital weiterbilden

Lebenslanges Lernen ist heute im digitalen Wandel eine wichtige Schlüsselqualifikation geworden. Wer flexibel und unabhängig von Zeit und Raum lernen möchte, kann auf Lernplattformen oder bei Anbietern verschiedener Branchen nach passenden Kursen suchen.

Beim Vergleich der Anbieter sollten Sie sich folgende Fragen stellen:

- Welche Erfahrung hat der Anbieter auf dem Gebiet des Weiterbildungsangebots?
- Wie wird der Kurs in Bezug auf Kommunikation und Betreuung durchgeführt?
- Wie gut ist die Qualität und die Nutzerfreundlichkeit der angebotenen digitalen Lernmaterialien?
- Wie ist der Internetauftritt des Anbieters in Bezug auf Benutzerfreundlichkeit und Auffindbarkeit der Informationen?
- Gibt es ausreichende Informationen zum Anbieter und zu seinem Konzept und der angebotenen Onlinekurse?
- Wie wird der konkrete Kursverlauf veranschaulicht?
- Gibt es Informationen zu den »Allgemeinen Geschäftsbedingungen« und »Vertragsbedingungen«?

Bei der Auswahl des Kurses ist auf Folgendes zu achten:

- Wie ist der Onlinekurs aufgebaut?
- Verfolgt der Kurs ein klares methodisches Konzept?
- Geht aus dem Angebot hervor, welche Lerninhalte vermittelt werden?
- Ist die Zielgruppe (Einsteiger/-innen, Fortgeschrittene, Expert/-innen) genau beschrieben?
- In welcher Form erfolgt ein Feedback?
- Können Diskussionsforen, Chatfunktion oder Videobild genutzt werden?
- Sind die Teilnahmevoraussetzungen eindeutig beschrieben?
- Wird eine aussagekräftige Teilnahmebescheinigung o. Ä. ausgestellt – für spätere interne oder externe Bewerbungen?

3

Mit externen Partnern kommunizieren

Vorschau

Achtsam schreiben

Professioneller Umgang mit E-Mails

E-Mail-Etikette

E-Mail

- zeitversetzt
- formell
- formal richtig
- sicher

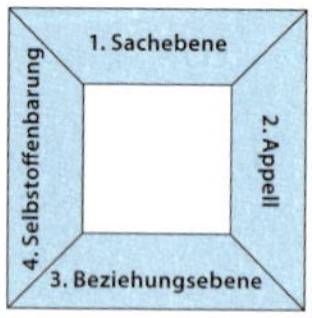

- passender Stil
- empathisch
- …

Kurznachricht

- Echtzeit
- informell
- SMS, Messengerdienste
- Chat im Web

Einsatz von Kurznachrichten

Kurznachrichten-Etikette

Videokonferenzen

One-to-one-Kommunikation

Etikette zu One-to-one-Gesprächen

Many-to-many-Kommunikation

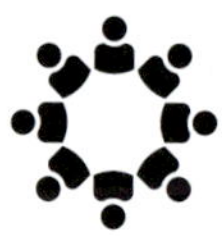

One-to-many-Kommunikation

Optimale Arbeitsumgebung

- richtigen Arbeitsplatz auswählen
- ruhige Atmosphäre schaffen
- Störfaktoren ausschalten
- Kameraeinstellung
- Beleuchtung
- …

Wie präsentiere ich mich vor der Kamera?

- virtuellen Blickkontakt halten
- Stimme und Sprechtempo
- Körpersprache kontrollieren
- Körperhaltung optimieren
- Kameraeinstellung optimieren
- Programmfunktionen beherrschen
- …

Social-Media-Kommunikation

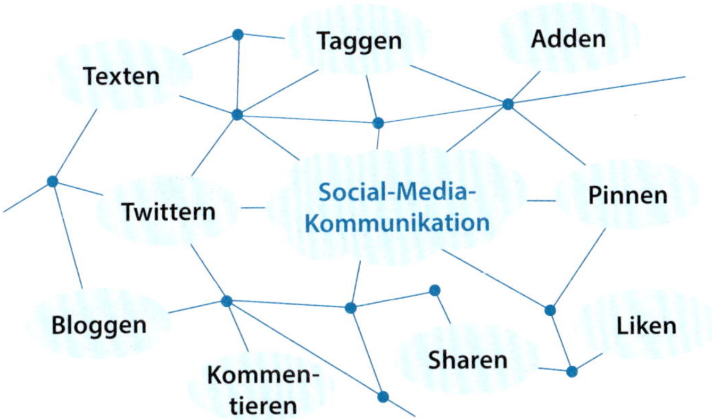

Content + SEO-Texte wirkungsvoll formulieren

Hashtags wirkungsvoll einsetzen

Wertschätzung in der digitalten Welt:
Social-Media-Richtlinien im Unternehmen und Etikette zu sozialen Netzwerken

Virtuelle Veranstaltungen

One-to-many-Kommunikation

Hybride Veranstaltungen
Webinare

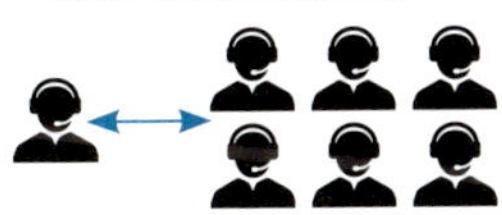

Messen und Kongresse
Webcast

Rollen: Moderation, Co-Moderation, technische Assistenz, Protokollant/-in, Zeitwächter/-in, teilnehmende Personen

Interaktive Elemente

- gemeinsam Dateien bearbeiten
- Whiteboard
- Bildschirm teilen
- virtuelle Gruppenräume
- Umfragen und Abstimmungen
- Chat

Etikette zu One-to-many-Video-konferenzen

Onlinepräsentationen durch Screensharing

Die Digitalisierung verändert unser Kommunikationsverhalten. Das Smartphone als Kommunikationszentrale ist dienstlich wie privat immer dabei. Wir telefonieren über IP (VoIP), schreiben Kurznachrichten und Chatten in Echtzeit über Messengerdienste (z.B. WhatsApp, Threema). E-Mails werden über Apps auf verschiedenen Endgeräten synchronisiert. Durch Pushbenachrichtigungen sind wir jederzeit, ohne die App öffnen zu müssen, informiert. Wir sind in den sozialen Medien aktiv, informieren uns über Neuerungen in virtuellen Veranstaltungen und bilden uns über Webinare fort.

3.1 E-Mails und Kurznachrichten

Im beruflichen Bereich gehört die E-Mail neben dem Telefon zum beliebtesten Kommunikationsmittel. Schnell und unbürokratisch lassen sich zeitversetzt Sachverhalte klären oder andere Angelegenheiten regeln. In der Unternehmenskorrespondenz ersetzt sie vor allem den Geschäftsbrief. Im privaten Bereich liegen die Messengerdienste (z.B. WhatsApp oder Threema) weit vorne. Die unkomplizierte und schnelle Kommunikation über Kurznachrichten wird zunehmend – unter bestimmten Voraussetzungen – in der beruflichen Kommunikation genutzt.

E-MAIL	KURZNACHRICHTEN
• formeller Charakter • Ersatz für den physischen Geschäft- bzw. Privatbrief • zeitversetzte Kommunikation • einfache Bedienung der E-Mail-Software mit zusätzlichen Funktionen wie z.B. Terminkalender, Aufgabenverwaltung, Kontaktverwaltung, Raumbelegung	• eher informeller Charakter • Kurze Texte wie z.B. Benachrichtigungen und Erinnerungen • Kommunikation in Echtzeit • einfache Bedienung • schnelle Mitteilung meist im Telegrammstil • inhaltlich aktuelle, wichtige Informationen

E-MAIL	KURZNACHRICHTEN
• Dokumente liegen in elektronischer Form vor und können automatisch weiterverarbeitet werden • fehlende Authentizität und Sicherheit – nur mit Verschlüsselung und durch eine qualifizierte elektronische Signatur möglich • Steuerrelevante E-Mails und Dateianhänge müssen nach den gesetzlichen Vorgaben indexiert, eindeutig den Geschäftsvorgängen zuordenbar, aufbewahrt werden.	• Bildsprache durch Emojis • im beruflichen Bereich dürfen nur DSGVO-konforme Messenger genutzt werden. • Mitglieder einer angelegten Gruppe können schnell informiert werden. • Sprach- und Textnachrichten • Tanskription (Umwandlung des gesprochenen Wortes in geschriebenen Text)

Achtsam schreiben

Die digitale Schriftkommunikation gilt als kommunikationsarm. Grund dafür ist, dass wir im schriftlichen Austausch auf die nonverbalen Signale wie Mimik, Gestik und Augenkontakt sowie Stimme und Tonfall verzichten müssen. Gefühle und Befindlichkeiten müssen in stärkerem Maße in Worte gefasst werden. Neben der sachlich richtigen Formulierung des Textes ist die emotionale Ausdrucksfähigkeit gefordert. Wir entwickeln unseren Eindruck von E-Mail- oder Chat-Partnern aus dem Schreibstil, durch die Wortwahl und vielleicht sogar aus der Reaktionszeit auf eine Nachricht. Ebenso interpretieren unsere Kommunikationspartner/-innen – geprägt aus ihren Erfahrungen, der Kultur o. Ä. – die übermittelten Informationen. Dadurch kann es leicht zu Missverständnissen und Fehlinterpretationen kommen.

Das Kommunikationsquadrat zur Verbesserung der digitalen Schriftkommunikation anwenden. Das Kommunikationsquadrat nach Friedemann Schulz von Thun ist hauptsächlich auf die mündliche Kommunikation ausgerichtet, kann aber auch bei schriftlichen Mitteilungen dazu beitragen, das Verständnis zu fördern. Das Kommunikationsquadrat enthält vier Aspekte:

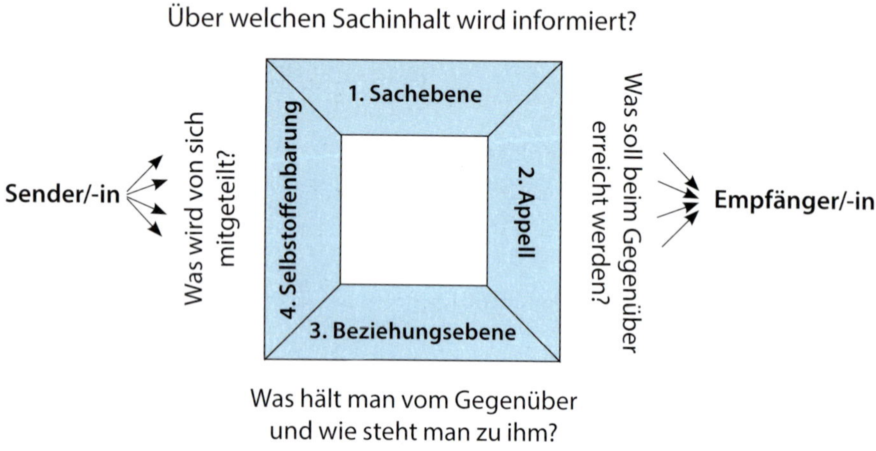

Schreiben Sie Ihre E-Mails oder Kurznachrichten unter vier Aspekten: Sachebene, Appell, Beziehungsebene, Selbstoffenbarung. Wer Ihre Nachricht empfängt, liest und interpretiert die Botschaft ebenfalls unter diesen vier Aspekten. Ob die Nachricht wie gewünscht verstanden wird, hängt ganz entscheidend von der Schreib- und Lesekompetenz der Beteiligten ab.

1. Vermitteln Sie die Sachinhalte klar und verständlich. Lassen Sie keinen Spielraum für ein »Zwischen-den-Zeilen-Lesen«.
2. Fragen Sie sich, was Sie mit Ihrer Textbotschaft erreichen wollen. Formulieren Sie deutlich, was Sie von der adressierten Person erwarten.
3. Seien Sie sich bewusst, dass Ihre Nachricht immer etwas Persönliches von Ihnen preisgibt, das darüber Aufschluss geben kann, wie Sie zu einer Sache/Person stehen.
4. Auch in einer Kurznachricht offenbaren Sie, wie Sie zur Person stehen und was Sie von ihr halten. Gehen Sie in den Perspektivenwechsel und überprüfen Sie Ihre Texte in der Rolle des/der Lesenden.

Schreiben im passenden Stil. Im **Ich-Stil** schreiben Sie, wenn Sie Ihre Organisation bzw. sich selbst in den Mittelpunkt stellen, z. B. »Ich freue mich auf eine Antwort«. Im **Passiv-Stil,** indem Sie die Sachlichkeit betonen, was auf der anderen Seite auch wieder unpersönlich wirken könnte, z. B. »Das Kopieren der Bilder ist erlaubt«. Im **Sie-Stil,** indem Sie die adressierte Person ansprechen und einbeziehen, z. B. »Schicken Sie bitte die Unterlagen bis zum 2. Mai 20.. zurück«.

Schreiben Sie empathisch. Am besten geht das, wenn Sie so schreiben, wie Sie selbst angeschrieben werden möchten. Und lesen Sie den Text immer noch einmal durch, bevor Sie auf die Schaltfläche »Senden« klicken. Achten Sie auf einen natürlichen und freundlichen Ton. Formulieren Sie Ihre Texte auf Augenhöhe und wertschätzend statt distanziert.

Beispiele:
- Wir bitten Sie, uns zu unterstützen / um Ihre Hilfe / um Ihre Meinung.
- Vielen Dank für Ihren Einsatz / Ihre Hilfe / Ihr Entgegenkommen / Ihre Zeit.
- Es wäre eine große Hilfe für uns …
- Wir wissen, dass Sie gerade viel zu tun haben, …

Vermeiden Sie passive, unpersönliche Formulierungen wie z. B. »Ich bedaure sehr …«, statt »Es ist bedauerlich …« und vermeiden Sie Fremdwörter, Fachwörter, Floskeln sowie Übertreibungen. Falls Sie auf ein Fachwort nicht verzichten können, erklären Sie den Begriff, z. B. »Das heißt, …«, »Das bedeutet, …«.

Teilbetreffe als Frage formulieren. Formulieren Sie neben dem Betreff im E-Mail-Text Teilbetreffe (Zwischenüberschriften) als Frage, z. B. »Wo kann ich mich informieren?«, »Was ist zu tun?«

Formulieren Sie eine passende Anrede. Die richtige Anrede signalisiert guten Stil und trägt zu einem gelungenen Einstieg in eine Nachricht bei. Bei Kurzmitteilungen über Messengerdienste im beruflichen Kontext sollten Sie beim Start eines Chats nicht darauf verzichten. Wenn die Antworten sofort erfolgen, können Sie im weiteren Chatverlauf darauf verzichten.

ANREDE	BEISPIELE
Formell passende Anrede bei Erstkontakten oder höhergestellten Personen	Sehr geehrte Frau (Prof. Dr.) …, Sehr geehrter Herr (Prof. Dr.) …,
Neutral passt immer, besonders, wenn Sie die Person nicht persönlich kennen	Guten Morgen, Frau …, Guten Morgen, Herr … **später ab 11:00 Uhr** Guten Tag, Frau …, Guten Tag, Herr …,
Allgemein wenn Sie eine Gruppe oder ein Team anschreiben	Sehr geehrte Kolleg/-innen, Sehr geehrte Bürgerinnen und Bürger, Sehr geehrtes Gründungsteam, Sehr geehrte Persönlichkeiten, Sehr geehrte Damen und Herren, *(kann wenig engagiert wirken)*
Persönliche Beziehung zwischen gleichgestellten Personen, mit denen Sie in guter Beziehung stehen	Liebe …, Lieber …, *Folgende Anreden könnten – je nach Kontext – zu lässig und einfallslos wirken:* Hallo Frau …, Hallo Herr …, Hallo zusammen, …

Geschlechter richtig ansprechen: Um gleichzeitig weibliche und männliche Lesende anzusprechen, empfehle ich Ihnen folgende Schreibweisen:

SCHREIBWEISE	BEISPIELE
Die sprachliche Gleichstellung durch die Doppelnennung ist eindeutig und die höflichste Variante.	Sehr geehrte Leserinnen und Leser, Liebe Schülerinnen und Schüler,

Konsequente Doppelnennung im Text	Mitarbeiter/-innen *(Die Schreibweise Schrägstrich ohne »Ergänzungsstrich« tritt zwar häufig auf, ist aber rechtschreiblich nicht korrekt.)* Arzt/Ärztin *(Mithilfe eines Schrägstrichs kann nur verkürzt geschrieben werden, wenn sich die Wörter ausschließlich in der Endung unterscheiden.)*

Neben dem weiblichen und männlichen Geschlecht gibt es die dritte Kategorie **divers** für Menschen, die sich weder dem einen noch dem anderen Geschlecht zugehörig fühlen. Die Formulierung »Sehr geehrte Persönlichkeiten« zeigt, dass die einzelnen Personen des Empfängerkreises – wie in der Formulierung »Sehr geehrte Damen und Herren« – individuell wertgeschätzt werden (insoweit verhält sich »Persönlichkeiten« zu »Personen« wie »Damen/Herren« zu »Männer/Frauen«), ohne dass dabei ein Bezug auf die Genderidentität oder die Haltung der angesprochenen Personen zu einer möglichen Genderidentität außerhalb Mann/Frau genommen wird. Die Abkürzung »d« für »divers« wird im deutschen Sprachraum bei Stellenanzeigen verwendet, z. B. »Wir suchen für die Leitung des Personalamts (m, w, d) …«. Gendergerechte Formulierungen befinden sich derzeit noch in der Erprobungsphase.

Die in der Praxis am häufigsten verwendeten Formen wie das Sternchen (Mitarbeiter*innen), der Unterstrich (Mitarbeiter_innen), das Binnen-I (MitarbeiterInnen) und der Doppelpunkt (Miterarbeiter:innen) sind bisher nicht im amtlichen Regelwerk der deutschen Rechtschreibung verankert. Um Doppelnennung zu vermeiden, kann man versuchen, auf Ersatzformulierungen mit geschlechtsneutralen Wörtern auszuweichen, z. B. Studierende, Lehrkräfte, Redaktion, Leitung.

Formulieren Sie eine passende Grußformel und einen passenden Briefschluss. Beachten Sie unternehmensinterne Regelungen. Unterschreiben Sie den Brief immer mit Ihrem Vor- und Zunamen. Fehlende oder abgekürzte Vornamen vermitteln einen verschlossenen und unfreundlichen Eindruck. Setzen Sie vor den Namen die korrekte Abkürzung für Einzelvollmacht (i. A.), Artenvollmacht (i. V.) oder Prokura (ppa.) sowie den Titel.

GRUSSFORMEL	BEISPIELE
Formell • immer anwendbar • in informellen Schreiben kann sie zu steif wirken	Mit freundlichen Grüßen Freundliche Grüße *(moderne Variante)* Freundliche Grüße aus … Freundliche Grüße nach …
Etwas distanziert Die Verabschiedung »Gruß« kann eine unfreundliche Wirkung erzeugen.	Mit freundlichem Gruß Freundlicher Gruß Gruß
Verbindlich, modern wenn Sie die Kommunikationspartner gut kennen	Viele Grüße *(kann auch langweilig wirken)* Schöne Grüße
Enger Kontakt nur bei engem Kontakt mit den Kommunikationspartnern angebracht	Liebe Grüße
Modern und je nach Grad der Vertrautheit oder Briefinhalt (Werbung, Einladung u. Ä.) Damit die gewünschte Wirkung erzielt wird, prüfen Sie ganz genau, in welcher Beziehung Sie zu der Person des Schreibens stehen.	Mit sonnigen Grüßen Mit herzlichen Grüßen Herzliche Grüße Herzliche Grüße aus … Herzlichst, Ihre/Ihr Die besten Grüße aus … Es grüßt Sie freundlich Es grüßt Sie herzlich Es grüßt Sie aus … Es grüßt Sie nach …
In den Schlusstext eingebaute Grüße Sie wirken etwas lockerer und sind eher bei engeren Kontakten angebracht.	Bis bald und viele Grüße Wir freuen uns auf Ihren Besuch und grüßen Sie bis dahin herzlich Wir grüßen Sie herzlich und wünschen Ihnen einen guten Start in die neue Arbeitswoche Wir freuen uns auf das Gespräch und grüßen Sie freundlich

Check vor dem Abschicken. Um Missverständnisse und Fehlinterpretationen zu vermeiden, sollten Sie Ihre Nachrichten vor dem Absenden sorgfältig prüfen.

CHECKLISTE – BEVOR E-MAILS ODER KURZNACHRICHTEN VERSENDEN		
Prüfen Sie folgende Punkte, bevor Sie eine E-Mail oder Kurznachricht an eine externe Person versenden:		
1.	Ist der Inhalt der E-Mail oder der Textnachricht wirklich bedeutsam? Wenn nicht, ist es völlig in Ordnung, die geschriebene E-Mail oder Kurznachricht zu löschen. Manchmal ist ein Telefonat sinnvoller.	☐
2.	Müssen die ausgewählten Personen tatsächlich im Cc stehen?	☐
3.	Ist die Nachricht sachlich/neutral oder vielleicht doch zu emotional? Antworten Sie auf emotionale E-Mails/Kurznachrichten immer sachlich und auf keinen Fall sofort. Nehmen Sie sich Zeit für die Antwort.	☐
4.	Enthält die Nachricht alle notwendigen Informationen?	☐
5.	Sind die Inhalte klar, transparent und wertschätzend formuliert? Verwenden Sie die Wörter »Bitte« oder »Danke« lieber zu viel als zu wenig.	☐
6.	Stellen Sie sicher, dass Ihre Informationen so ankommen, wie sie gemeint sind.	☐
7.	Vermeiden Sie Hervorhebungen oder Ausrufezeichen, die die Wichtigkeit signalisieren sollen.	☐
8.	Wählen Sie für Anhänge eindeutige Dateibezeichnungen. Nummerieren Sie bei E-Mails mehrere angehängte Dateien durch.	☐

E-Mails formal richtig schreiben

Für die Gestaltung von geschäftlichen E-Mails gelten die Schreib- und Gestaltungsregeln für die Text- und Informationsbearbeitung (DIN 5008). Durch diese Regelungen wird erreicht, dass der Nachrichtentext gut lesbar ankommt. Weiterhin ist bei der Übermittlung auf die technischen Gegebenheiten der Empfängerin/des Empfängers Rücksicht zu nehmen – insbesondere beim Nachrichtenformat, bei der Codierung, bei der Verschlüsselung, bei den verwendeten Schriften und Dateiformaten der Anlagen.

Feld »An«. Für den geschäftlichen Bereich ist eine seriös wirkende und eindeutige E-Mail-Adresse erforderlich. Der Aufbau der E-Mail-Adresse richtet sich nach den Vorgaben des jeweiligen Anbieters und des Unternehmens. Die E-Mail-Adresse ist in der Regel nach dem Muster vorname.nachname@unternehmen.com oder empfängerbezeichnung@anbieter.de gegliedert. Häufig werden auch für bestimmte Projekte oder Aufgaben Funktionspostfächer eingerichtet. Auf Funktionspostfächer können nur berechtigte Personen zugreifen und sie bestehen neben den persönlichen Postfächern. Die Funktionspostfachadresse beginnt mit einem treffenden Begriff, z. B. info@unternehmen.com; verwaltung-ks@behörde.com.

Bei der Nutzung von akkreditierten Diensteanbietern wird die E-Mail-Adresse durch einen Namenszusatz des Anbieters (z.B. De-Mail = … .de-mail. …) ergänzt.

Einzelunternehmen ist zu empfehlen, eine eigene E-Mail-Domain nach dem Muster vorname@nachname.de oder empfängerbezeichnung@eigene-domain.de zu wählen.

Beispiele:
- service@elektroshop.com
- info@office-management.eu
- kai.sommer@office-management.de
- antonia.klein@office-management.de-mail.de

Eine E-Mail kann an eine oder mehrere Personen gerichtet sein. Stehen die Adressaten/Adressatinnen im An-Feld, dann sind sie gleichberechtigt. Die Reihenfolge der E-Mail-Adressen richtet sich nach der Hierarchie, den Verantwortlichkeiten oder bei flachen Hierarchien nach dem Alphabet. In der Regel wird von allen Adressierten eine Handlung erwartet.

Verteiler und Verteilerlisten. Mehrere Empfänger/-innen lassen sich in eine Verteilergruppe zusammenfassen. Diese können Sie selbst in einem E-Mail-Programm anlegen oder Sie nutzen zentral erstellte Listen. Bei der Nutzung von Verteilerlisten ist darauf zu achten, dass auch wirklich die richtige Liste genutzt wird, die genutzte Liste aktuell ist und alle in der Liste aufgeführten Personen diese E-Mail erhalten sollen. Vermeiden Sie zu große Verteilerlisten.

Feld »Cc«. Das »Cc« steht für »Carbon copy« (engl. für »Kohledurchschlag«), sinngemäß einfach für »Kopie«. Personen, die im Cc-Feld stehen, erhalten die E-Mail zur Information, d. h., von ihnen wird keine Handlung erwartet.

Die im Feld eingetragenen Personen sind für alle anderen Empfänger/-innen sichtbar; sie werden lediglich über einen Sachverhalt informiert, ohne dass von ihnen selbst eine Handlung erwartet wird. Infolgedessen sollten die genannten Personen in der E-Mail keine Arbeitsaufträge erhalten.

Datenschutzrechtlich ist es unzulässig, die Cc-Funktion für mehrere Empfänger/-innen eines offenen Kreises zu verwenden, wie beispielsweise für Werbemails, Newsletter oder Pressemitteilungen. Dabei spielt es keine Rolle, ob Sie privat oder geschäftlich kommunizieren. Sie geben damit persönliche Daten weiter, was nach der DSGVO nur innerhalb sehr enger Grenzen zulässig ist und gegen das Grundrecht auf informationelle Selbstbestimmung verstoßen kann. Im geschlossenen Kreis Ihres Unternehmens, Ihrer Behörde oder Ihres Teams kann die Cc-Funktion verwendet werden. In der Korrespondenz mit externen Partnern ist es sinnvoller, die Bcc-Funktion zu verwenden.

Feld »Bcc«. »Bcc« steht für »Blind carbon copy« (engl. für »Blinddurchschlag«), also Blindkopie. Die Adressen derjenigen Personen, die in der Bcc-Zeile aufgenommen wurden, bleiben für alle anderen Empfänger/-innen unsichtbar. In der Geschäftskorrespondenz wird diese Funktion eher selten verwendet. Es gehört zum guten Ton, dass Sie die Absenderin / den Absender einer E-Mail, die Sie weiterleiten, darüber informieren, an wen die E-Mail weitergeleitet wurde.

Betreff. In der geschäftlichen E-Mail-Korrespondenz ist der Betreff von zentraler Bedeutung und muss im E-Mail-Kopf immer angegeben werden. Das erste Wort der Betreffangabe wird großgeschrieben, ein Satzschlusspunkt wird nach dem Betreff nicht gesetzt.

Formulieren Sie den Betreff mit wenigen aussagekräftigen Stichpunkten kurz und prägnant. Anhand der Stichpunkte können die Adressierten die Nachricht einem Thema zuordnen und zu einem späteren Zeitpunkt finden. Vorangestellte intern geregelte Bearbeitungshinweise (z. B. To-do, Rücksprache, Erledigt, Info, Aufgabe, Projekt) erleichtern innerhalb eines geschlossenen Kreises von Empfänger/-innen die Zuordnung und Bearbeitung der eingehenden E-Mails.

Beispiele:

Betreff:	**Info:** Die neue Werbekampagne – Produkt »Style« – ist fertig.

Betreff:	**Aufgabe:** Die Werbekampagne für das Produkt »Style«

Gliedern Sie den Betreff in drei Teile: Im ersten Teil signalisieren Sie, welche Handlung Sie von den im »An-Feld« stehenden Personen erwarten. Im zweiten Teil gehen Sie stichwortartig auf den Inhalt der E-Mail ein. In der Regel reicht ein Wort, z. B. Anfrage, Angebot, Projekt. Im dritten Teil wird der Inhalt ergänzt, z. B. durch die Artikelbezeichnung.

Antworten Sie auf eine E-Mail per Antwortfunktion, dann steht in der neuen E-Mail der alte Betreff mit vorangestelltem »Re:« (»Zurück«) oder »AW:« (»Antwort«). So kann der Empfänger sofort erkennen, dass die Nachricht Teil eines begonnenen Dialogs ist. Die gängigen E-Mail-Programme setzen die Abkürzung automatisch in den Betreff, wenn in den Einstellungen die passende Option aktiviert ist. Aktualisieren Sie den Betreff Ihrer Nachricht, damit auch später noch eine E-Mail inhaltlich zugeordnet werden kann.

Beispiel:

DIALOG OHNE AKTUALISIERUNG	DIALOG MIT AKTUALISIERUNG
1. Anfrage Vertriebstraining	1. Anfrage – Vertriebstraining
2. Re: Anfrage Vertriebstraining	2. Angebot – Vertriebstraining
3. Re: Re: Anfrage Vertriebstraining	3. Auftragsbestätigung – Vertriebstraining – 5. Mai 20..
4. Re: Re: Re: Anfrage Vertriebs-training	4. Hotelreservierung – Vertriebstraining – 5. Mai 20..

Bei Kontakten ins Ausland sollten Sie auf sprachliche Besonderheiten wie Akzente, Umlaute und »ß« verzichten.

Bezugszeichen und -angaben. Da die geschäftliche Korrespondenz hauptsächlich elektronisch durchgeführt wird, ist es zum schnelleren Verständnis sinnvoll, Bezugszeichen und -angaben – analog zum Geschäftsbrief – aufzunehmen. Die individuell benötigten Angaben (Ihr Zeichen, Ihre Nachricht vom, Unser Zeichen, Unsere Nachricht vom) stehen am Anfang einer E-Mail und sind durch zwei Leerzeilen von der Anrede abzusetzen. Nicht benötigte Leitwörter dürfen entfallen.

Beispiel:
Ihr Zeichen: lk-er
Ihre Nachricht vom: 20..-02-09

Anrede. Die Anrede ist ein fester Bestandteil einer geschäftlichen E-Mail. Sie beginnt an der Fluchtlinie und wird durch eine Leerzeile vom folgenden Text getrennt. Bei kollektiven Anreden kann es dazu kommen, dass sich niemand zuständig fühlt.

Layout und Text. Die E-Mail ist ein gleichwertiger Ersatz des Geschäftsbriefes und sollte dem Corporate Design des Unternehmens angepasst werden. Dies betrifft vor allem die Schriftart, -größe und -farbe, die in den Einstellungen des genutzten E-Mail-Programmes für alle Nutzer/-innen eines Unternehmens einheitlich vorgenommen werden können.

Achten Sie auf eine klare inhaltliche und optische Gliederung. Setzen Sie die wichtigsten Inhalte an den Anfang Ihrer E-Mail. Der Text ist in einem einzeiligen Abstand als Fließtext zu schreiben, d. h. ohne einen gewollten Zeilenumbruch und ohne Worttrennungen. Der Zeilenumbruch wird durch die Software des Empfängers gesteuert und der Fenstergröße angepasst. Dabei könnte es zu störenden Umbrüchen kommen, die die Lesbarkeit beeinträchtigen würden. Gliedern Sie den E-Mail-Text in nicht zu lange Sinnabsätze. Gestalten Sie einen Absatz mit einer Leerzeile. Achten Sie auf die Einhaltung der Regeln zur deutschen Rechtschreibung und Zeichensetzung sowie auf die in der Branche üblichen Konventionen. Hervorhebungen im E-Mail-Text sollten Sie sparsam verwenden. Empfehlenswert ist die Fettschrift. Vermeiden sollten Sie die Dauergroßschreibung, da sie als »Anschreien« interpretiert werden könnte. Setzen Sie keine Satzzeichen (z. B. Ausrufezeichen) mehrfach hintereinander.

Emojis. Gefühle und Befindlichkeiten müssen in der E-Mail in stärkerem Maße in Worte gefasst werden, als dies im direkten Gespräch oder am Telefon möglich wäre. Um die Formulierung optisch zu unterstützen, können auch in der Geschäftskorrespondenz unter bestimmten Voraussetzungen Emoticons oder Emojis eingesetzt werden. Weitere Übernahmen aus der Chatsprache sollten Sie im geschäftlichen Umfeld vermeiden.

Im geschäftlichen Bereich können Emoticons und Emojis eingesetzt werden, um

- den Ton einer Onlinekommunikation aufzulockern,

Das Abstimmungsergebnis wurde bestätigt. 🙂

- Aussagen zu verstärken oder abzuschwächen (z. B. bei Anweisungen oder Absagen, Grüßen, Dank und Komplimenten),

Es war wie immer eine gelungene Veranstaltung. 🙂

- Missverständnisse zu vermeiden.

Es ist doch nichts passiert. 🙂

Emojis, die auf der Unicode-Kodierung basieren, werden auf allen Endgeräten einheitlich angezeigt. Es könnte sonst passieren, dass ein lachendes Emoji als küssendes Emoji beim Empfänger ankommt.

Emoticons und Emojis sollen nicht bei Erstkontakten verwendet werden. Sie können aber sparsam bei wiederholten Kontakten bzw. bekannten Adressierten eingesetzt werden.

Emoticons und Emojis ersetzen Satzzeichen nicht und werden hinter dem Satzschlusspunkt platziert – vorausgesetzt, sie beziehen sich auf den gesamten Satz.

Im Austausch mit ausländischen Geschäftspartnern sollten Sie berücksichtigen, dass die Gestaltung und Nutzung von Emoticons sowie Emojis in anderen Kulturkreisen sehr unterschiedlich sein können. Deshalb sollten bei internationalen Kontakten nur wirklich gängige Emoticons und Emojis verwendet werden.

Beispiel:
Dies war sicherlich eine gute Entscheidung. 😉

🙂 Über Ihre Nachricht haben wir uns sehr gefreut.

Wir gehen davon aus, dass Sie es genauso sehen ;-) …

Form @ Name. Stehen mehrere Personen im »An-Feld«, denen Sie in der E-Mail-Nachricht z. B. Arbeitsaufträge erteilen, können Sie zur Vereinfachung der Ansprache im Textverlauf die Form @ Name verwenden. Diese Einheit ist durch Fettschrift hervorzuheben.

Beispiele:
@ **Frau Sommer:** Bitte senden Sie mir die o. g. Unterlagen so schnell wie möglich zu. Die Informationen werden für das nächste Arbeitspaket gebraucht.

@ **Herr Müller:** Ihre Ausarbeitung zum Qualitätsmanagement ist druckfertig.

@ **Frau Keller:** Wir benötigen noch eine weitere Person, die bei der Vorbereitung der Abschlussveranstaltung mitwirkt.

E-Mail-Abschluss. Der E-Mail-Abschluss (auch Signatur genannt) kann als elektronischer Textbaustein hinzugefügt werden oder fest in eine E-Mail-Vorlage integriert sein. Er enthält den Gruß sowie die Kommunikations- und Geschäftsangaben. Die E-Mail- und/oder Internetadresse muss angegeben werden. Inhalt und Reihenfolge der Kommunikationsangaben richten sich nach den betrieblichen Erfordernissen. Die gesetzlich vorgeschriebenen Angaben nach HGB, GmbHG bzw. AktG sind grundsätzlich in den Abschluss aufzunehmen.

Innerbetrieblich könnten die Angaben auf die Kommunikationsangaben beschränkt werden. Dies würde aber bedeuten, dass Sie bei jeder versendeten E-Mail erneut den Textbaustein zusteuern müssten.

Beispiele:

Interne Signatur
• Freundliche Grüße • Karsten Keller GmbH • i. V. Susanne Müller • E-Mail: susanne.mueller@keller-gmbh.com Internet: www.keller-gmbh.com Telefon: +49 711 123-456 Telefax: + 49 711 123-789

Externe Signatur

Freundliche Grüße

•

Kasten Keller GmbH

•

i. V. Susanne Müller

•

E-Mail: susanne.mueller@keller-gmbh.com
Internet: www.keller-gmbh.com
Telefon: 0711 123-456
Telefax: 0711 123-789

•

Postanschrift: Postfach 10 10 30, 7010 Stuttgart
Hausanschrift/Sitz: Industriestraße 40, 70184 Stuttgart
Geschäftsführer: Dr. Jens Baumann, Dr. Katharina Sorg
Handelsregister HRB 84793 beim Amtsgericht Stuttgart

•

Der Inhalt dieser E-Mail (einschließlich etwaiger beigefügter Dateien) ist vertraulich und nur für den Empfänger bestimmt. Sollten Sie nicht der bestimmungsgemäße Empfänger sein, informieren Sie bitte unverzüglich den Absender und löschen Sie die E-Mail (einschließlich etwaiger beigefügter Dateien) von Ihrem System. Vielen Dank!

•

The content of this e-mail (including any attachment) is confidential and may be legally privileged. If you are not the intended recipient of this e-mail, please notify the sender immediately and then delete it (including any attachments) from your system. Thank you!

Private Signatur

•

Freundliche Grüße nach Berlin

•

Frau Chris Solange

•

E-Mail: chris.solange@intermail.com
Internet: www.chris-solange.com
Skype: chris.solange
Telefon: +49 711 123-456
Telefax: + 49 711 123-789

Ist aus dem Namen nicht ersichtlich, welche Anrede in einem Antwortschreiben verwendet werden soll, kann die Signatur durch »Herr« oder »Frau« ergänzt werden.

Beispiel:
Frau Chris Solange
Herr Chris Solange

Elektronische Signaturen. Durch die europäische eIDAS-Verordnung (electronic Identification Authentication and trust Services) wurde das deutsche Signaturgesetz 2017 außer Kraft gesetzt. Die eIDAS regelt den Einsatz von Vertrauensdiensten und die elektronische Identifizierung. Damit wurde der rechtliche Rahmen für die EU-weite Nutzung elektronischer Unterschriften geschaffen. Über zertifizierte Anbieter können cloudbasierte Systeme (z.B. Adobe Sign, FP Sign, Docu Sign) genutzt werden, die einen vertraulichen und rechtsverbindlichen digitalen Austausch und Abschluss von Dokumenten und Verträgen ermöglichen. Mit einem qualifizierten Siegel und Zeitstempel oder durch ein elektronisches Einschreiben wird die Nachvollziehbarkeit erhöht. Alle Teilnehmenden und jeder Schritt im Prozess werden dokumentiert.

Es gibt drei Stufen der Sicherheit:

eIDAS-Verordnung schafft rechtlichen Rahmen für elektronische Unterschriften

Einfache elektronische Signatur	**Fortgeschrittene elektronische Signatur**	**Qualifizierte elektronische Signatur**
keine Sicherheit	**höhere** Sicherheitsstufe durch einmaligen Signaturschlüssel	**sicherste** Signaturverfahren

1. Die einfache elektronische Signatur. An sie werden keine besonderen Anforderungen gestellt und sie ist für formlose Rechtsgeschäfte geeignet.
2. Die fortgeschrittene elektronische Signatur. Sie bietet gegenüber der einfachen elektronischen Signatur durch einen einmaligen Signaturschlüssel eine höhere Sicherheitsstufe.
3. Die qualifizierte elektronische Signatur. Sie ist das sicherste Signaturverfahren. Die Nutzer/-innen melden sich durch eine Onlineregistrierung einmalig bei einem zertifizierten Anbieter an. Die Zertifizierungsstelle bestätigt, dass die genannte Person im Besitz des Zertifizierungsschlüssels ist. Nach der Onlineidenti-

fikation können Dokumente hochgeladen werden, die mithilfe einer Zwei-Faktor-Authentifizierung und einer per SMS zugesendeten TAN signiert werden. Die qualifizierte elektronische Signatur ist bei Rechtsgeschäften (§ 126 a BGB) notwendig.

Über Zertifizierungsdienstleister können Sie sich die notwendige Soft- und Hardware beschaffen. Auf der Webseite der Bundesnetzagentur wird eine aktuelle Liste der Zertifizierungsdienstleister für qualifizierte elektronische Signaturen angeboten. Sie gewährleistet **Authentizität** und **Integrität**. Authentizität gewährleistet, dass die Nachricht auch tatsächlich vom angegebenen Absender stammt. Integrität gewährleistet, dass der Inhalt der Nachricht vollständig und unverändert ist.

E-Mail-Anhänge. Mit einer E-Mail können ein oder mehrere Anhänge verschickt werden. Bevor Sie E-Mail-Anhänge hochladen, sollten Sie Folgendes beachten:

- Wie groß ist die angehängte Datei?
- Kann das Dateiformat gelesen und weiterverarbeitet werden?
- Welche Rechte für die Verwendung und Weiterverarbeitung sollen den Adressierten eingeräumt werden?
- Enthält die Datei Makros oder andere ausführbare Programme, die vermutlich geblockt werden?
- Hat der Empfänger / die Empfängerin Zugriff auf einen gemeinsamen Speicherort, sodass es ausreicht, einen Link zu verschicken?

Zustelloptionen. Durch Zustelloptionen (z. B. Lesebestätigung) könnten sich Empfänger/-innen kontrolliert oder gegängelt fühlen; auch wird ein Mehraufwand bei der Bearbeitung von Mails erzeugt. Deshalb sollten Zustelloptionen mit äußerster Sorgfalt verwendet werden. Kennzeichnen Sie nur wirklich dringende Nachrichten als »wichtig«.

Geschäftszeiten. Um die Balance zwischen Arbeit und Freizeit zu halten – vor allem im Homeoffice –, ist es sinnvoll, Ihre Erreichbarkeit durch die Angabe der Geschäftszeiten zu kommunizieren.

Beispiel:
Ich bin montags bis freitags von 08:00 bis 16:30 Uhr gerne für Sie da.

Geschäftliche E-Mail

An …: Von allen Adressierten wird **eine Reaktion** erwartet. Bei der Anordnung evtl. eine Hierarchie beachten.

Betreff: Formulieren Sie einen **klaren** und **eindeutigen** Betreff mit wenigen Stichpunkten.

Bezugszeichen und -angaben: Fördern das schnellere Verständnis.

E-Mail-Text: Fließtext ohne Worttrennungen; Absatzgestaltung erfolgt durch eine Leerzeile.

Signatur: Sie besteht aus dem Gruß, den Kommunikations- und Unternehmensangaben und gesetzlich vorgeschriebene Angaben nach HGB, GmbHG bzw. AktG.

Zusätze: Vertraulichkeits-, Druck- oder Werbehinweise können mehrsprachig ergänzt werden.

Qualifizierte elektronische Signatur: Sie verhindert unberechtigtes Lesen der E-Mail.

An …	sven.maier@modeschuh-gmbh.de
Cc …	
Bcc …	
Betreff:	Angebot über Werbeflyer

Ihr Zeichen: kk-nn
Ihre Nachricht vom: 20..-05-02

Guten Tag Herr Mayer,

vielen Dank für Ihre Anfrage vom 15. März 20.. und Ihr Interesse an unseren Druckerzeugnissen. Gerne übernehmen wir den Druck Ihrer Werbeflyer.

Unser Angebot:

Auflage: 800 Exemplare
Format: DIN A4
Papier: 200 g, weiß
Verarbeitung: gefalzt

Nettopreis: 350,00 EUR zzgl. 19 % MwSt.
Zahlung: innerhalb von 30 Tagen

Lassen Sie sich durch die ausgesuchten Musterbeispiele in unserem digitalen Katalog inspirieren!

Wir freuen uns auf Ihren Auftrag und eine weiterhin gute Zusammenarbeit. ☺

Freundliche Grüße

Werbedruckerei GmbH

Susanne Weber

E-Mail: susanne.weber@werbedruckerei-gmbh.de
Internet: www.werbedruckerei-gmbh.de
Telefon: 0711 123-4566-394
Telefax: 0711 123-4566-396

Postanschrift: Postfach 10 20 30, 70084 Stuttgart
Hausanschrift: Heilbronner Straße 240, 70184 Stuttgart
Gesellschafter: Frank Sorg, Karola Sing
Handelsregister HRB 71993 beim Amtsgericht Stuttgart

Wir sind **montags bis freitags von 07:00 bis 18:00 Uhr** für Sie da.

Der Inhalt dieser E-Mail (einschließlich etwaiger beigefügter Dateien) ist vertraulich und nur für den Empfänger bestimmt. Sollten Sie nicht der bestimmungsgemäße Empfänger sein, informieren Sie bitte unverzüglich den Absender und löschen Sie die E-Mail (einschließlich etwaiger Dateien) von Ihrem System. Vielen Dank!

The contents of this e-mail (including any attachments) are confidential and may bei legally privileged, if you are not the intended recipient of this e-mail, please notify the sender immediately and the delete it(including any attachments) from your system. Thank you!

Cc …: Die eingetragenen Adressierten sind für alle **sichtbar** und sollen **nur informiert** werden.

Bcc …: Aus datenschutzrechtlichen Gründen sollten externe Partner in Bcc … informiert werden.

Nachrichten in einer E-Mail an mehrere Empfänger/-innen:
@ Herr Lange: Danke …
@ Frau Roth: Senden Sie …
@ Alle anderen: Bitte rufen Sie …

Emoji: Einsatz setzt voraus, dass sich die Kommunikationspartner gut kennen.

Geschäftliche Kurznachrichten

Beispiel: Messengerdienst

Guten Morgen, Frau Müller,

Ihre bestellte Ware ist heute bei uns eingetroffen und kann abgeholt werden. ☺

Wir freuen uns auf Ihren Besuch.

Es grüßt Sie freundlich

Charlotte Klein

08:49 ✓✓

Guten Tag, Frau Klein,

vielen Dank für die Information. Ich hole die Ware heute gegen 17:00 Uhr ab.

Bis heute Nachmittag

Karin Müller

14:03 ✓✓

Beispiel: Chat im Web

Chatverlauf nach Kundenbesuch auf der Webseite eines Unternehmens. Damit sich keine Missverständnisse einschleichen, wird die Dokumentation des Chatverlaufs dem Kunden anschließend per E-Mail automatisch zugeschickt:

Sandra Schmidt

Gianna Frazetto – 08:38:09 Uhr

Auftragsnummer:
294 4848 39

Sandra Schmidt – 08:38:39 Uhr

Guten Morgen, Frau Frazzetto, wie kann ich Ihnen helfen?

Gianna Frazzetto – 08:39:03 Uhr

Guten Morgen, Frau Schmidt. In Ihrer E-Mail stand, dass der Schreibtisch unverpackt und montiert an Ihrem Standort abgeholt werden kann. Kann ich den Schreibtisch auch verpackt abholen? Sonst bekomme ich das Teil nicht ins Auto.

Sandra Schmidt – 08:40:39 Uhr

Der Schreibtisch ist komplett zerlegt und müsste dann von Ihnen montiert werden.

Gianna Frazzetto – 08:50:13 Uhr

Mein Mann kann das. ☺ Vielen Dank für die positive Nachricht und die rasche Antwort.
Ich wünsche Ihnen ein schönes Wochenende!
Viele Grüße aus Stuttgart
Gianna Frazetto

Sandra Schmidt – 08:50:36 Uhr

Okay, super! Das gebe ich gerne so weiter. Sobald der Schreibtisch bei uns ist, sprechen wir einen Abholtermin ab.

Umgang mit E-Mails und Kurznachrichten

Beachten Sie die Leitlinien zur elektronischen Kommunikation in Ihrem Unternehmen. Firmeninterne Leitlinien zur elektronischen Kommunikation geben vor, wie die Kommunikationsmittel im Unternehmen genutzt werden, und sichern ein einheitliches Auftreten nach außen. Sie geben den Beschäftigten Sicherheit und helfen, Fehler zu vermeiden. Dazu gehören auch Verhaltensregeln wie z. B., dass die dienstliche E-Mail-Adresse während oder außerhalb der Dienstzeit zu privaten Zwecken genutzt werden darf. Oder ganz pragmatische Hinweise was zu tun ist, wenn Zugangsdaten verloren gingen oder Sie Opfer eines Hackerangriffs wurden.

Schalten Sie die Benachrichtigungsfunktion und Chatfenster des Messengers aus. Lassen Sie sich nicht durch die E-Mail-Benachrichtigungsfunktion oder eingehende Kurznachrichten in Ihrer augenblicklichen Arbeit unterbrechen. Dadurch entsteht der sogenannte »Sägeblatteffekt« (siehe S. 67).

Nutzen Sie E-Mails und Kurznachrichten nicht zur Ablenkung. Beispielsweise, weil Sie sich nicht mit einer ungeliebten Aufgabe befassen wollen.

Bannen Sie die E-Mail-Flut in Ihrem Postfach. Melden Sie sich nur bei Newslettern an, die für Ihre tägliche Arbeit nützlich sind und vergessen Sie nicht, diese abzubestellen, wenn der Informationsgehalt zu wünschen übrig lässt. Stellen Sie den SPAM-Filter Ihres E-Mail-Programms auf Ihre Bedürfnisse ein.

Planen Sie Zeitfenster. Richten Sie sich über den Tag verteilt Zeitfenster für eine konzentrierte Bearbeitung von E-Mails/Kurznachrichten ein. Tragen Sie diese als Aufgabe verbindlich in Ihren Terminkalender ein und lassen Sie sich während der Bearbeitung der Nachrichten nicht ablenken. Wie oft Sie im Laufe des Tages Ihre Post bearbeiten, das hängt von Ihrer persönlichen Arbeitsweise oder den Vorgaben Ihres Unternehmens ab. Sichten Sie Ihre neuen E-Mails maximal dreimal am Tag.

Optimieren Sie Ihre Posteingangsroutine. Beginnen Sie immer mit den neuesten Nachrichten. Oft haben sich ältere E-Mails durch neuere Nachrichten erledigt. Es würde keinen guten Eindruck machen, wenn Sie auf die ältere Mail antworten würden und nach dem Lesen der neuesten E-Mail alles wieder richtigstellen müssten. Fassen Sie eine E-Mail möglichst nur einmal an und entscheiden Sie sofort. Ideal ist es, wenn nach einer E-Mail-Routine ihr Postfach leer ist. Lassen Sie Ihre E-Mails nicht zur Erinnerung im Postfach liegen. Sie würden auch keinen Brief nach dem Lesen zurück in den Briefkasten legen. Übernehmen Sie Aufgaben und Termine sofort in Ihren Terminkalender. Markieren Sie E-Mails, auf deren Antwort Sie noch warten, zur Nachverfolgung. E-Mails mit Informationen und Anhängen zu bestimmten Prozessen, Projekten o. Ä. archivieren Sie in der betrieblichen Ordnerstruktur in den passenden Verzeichnissen.

E-Mails kurzfristig aufbewahren. Liegen nach der Posteingangsroutine noch einige E-Mails im Posteingang, die Sie vielleicht noch benötigen, dann speichern Sie diese in einem Quartalsordner. Quartalsverzeichnisse erstellen Sie unter Ihrem persönlichen Ordner. Nummerieren und benennen Sie die Ordner wie folgt:

- 1-Jan-Feb-Maerz
- 2-April-Mai-Juni
- 3-Juli-August-Sept
- 4-Okt-Nov-Dez

Die Nummerierung sichert die Reihenfolge der Quartalsordner. Ich empfehle Ihnen nicht, den persönlichen Ordner mit zusätzlichen Verzeichnissen zu füllen. Diese vier Ordner nutzen Sie rollierend. Sobald ein neues Quartal beginnt, können Sie die dort verbliebenen E-Mails aus dem letzten Jahr kurz sichten und getrost löschen.

E-Mail-Tagging. Eine professionellere Lösung ist das E-Mail-Tagging. Legen Sie in Ihrem E-Mail-System für alle E-Mails, die Sie aufbewahren wollen, einen Ordner an. Bevor Sie eine E-Mail in diesem Ordner archivieren, weisen Sie der Nachricht nach festgelegten Kriterien »Tags« (deutsch: Etiketten) zu. Mithilfe des Taggings lassen sich Ihre E-Mails kategorisieren und wiederfinden. Das E-Mail-Tagging funktioniert allerdings nur so gut, solange Sie die festgelegten Kriterien oder Spielregeln einhalten, die Sie für sich oder im Team entwickelt haben. Enterprise-Content-Managementsysteme, Kommunikations- und Kollaborationsplattformen integrieren E-Mail-Konten und automatisieren das Tagging intelligent im Hintergrund.

Reaktion auf kritische E-Mails/Kurznachrichten. Auch bei der täglichen Postroutine ist es klug, eine E-Mail erst ganz zu lesen, bevor Sie antworten. Besonders auf kritische Punkte, über die Sie sich vielleicht ärgern, sollten Sie nicht sofort reagieren. Manchmal ist ein klärendes Telefonat die bessere Lösung. Es ist auch völlig in Ordnung, wenn Sie nach reiflicher Überlegung auf die E-Mail nicht reagieren.

Vorsicht beim Weiterleiten von E-Mails/Kurznachrichten. Das Weiterleiten von E-Mails oder Kurznachrichten an Dritte kann zu großen Problemen führen. Beispielsweise, dass Sie unbeabsichtigt Vorgesetzte über eine nicht ganz gelungene Arbeitsleistung eines Kollegen oder einer Kollegin informieren oder sensible Daten vom geschützten Server des Unternehmens an externe Personen auf fremde ungeschützte Server weiterleiten.

E-Mail-Ketten aufräumen. E-Mails, die Sie als angehängte Antwort mit sich schleppen, entfernen Sie z. B. in Outlook über den Befehl »Unterhaltung aufräumen«. E-Mail-Ketten entstehen vor allem, wenn mehrere Personen an einer Unterhaltung beteiligt sind.

Wirksamkeit von Willenserklärungen. Auch die allgemeinen Grundsätze zum Vertragsabschluss beziehungsweise zum Wirksamwerden von Willenserklärungen sind im E-Mail-Verkehr maßgeblich. Bei der Abgabe beispielsweise eines Angebots sind Sie an das Angebot gebunden. Wenn der Vertragspartner dem Angebot zustimmt, ist der Vertrag zustande gekommen. Ein ungeöffnetes Angebot im elektronischen Briefkasten des Empfängers gilt als »erreicht«.

E-Mail-Sicherheit. Bewahren Sie Ihre Zugangsdaten sicher auf. Melden Sie sich in Ihrem System ab, bevor Sie Ihren Arbeitsplatz verlassen. Achten Sie auf E-Mails von unbekannten Personen und Organisationen mit Anhängen – es könnte sich um Phishingmails handeln.

Schauen Sie genau hin, auch bekannte Organisationen werden von Cyberkriminellen täuschend echt nachempfunden und lassen sich nur durch kritische Prüfung entlarven.

Ordnungsgemäße Aufbewahrung von E-Mails. Nach dem Handelsgesetzbuch (HGB) und dem Steuerrecht (AO und UStG) sowie der GoBD (Grundsätze zur ordnungsgemäßen Führung von Büchern und Aufzeichnungen und Unterlagen in elektronischer Form sowie zum Datenzugriff) sind E-Mails mit steuerrechtlich relevantem Inhalt ausschließlich elektronisch und unverändert aufzubewahren. Das betrifft den E-Mail-Text, die Anhänge und die E-Mail-Attribute. Dateianhänge müssen im Original archiviert werden. Verschlüsselte E-Mails sind zusätzlich in unverschlüsselter Form aufzubewahren. Versenden Sie eine Rechnung mit einer Begleit-E-Mail, können Sie die E-Mail löschen, da sie selbst keine steuerrelevante Information beinhaltet. Die gesetzliche Aufbewahrungsfrist beträgt sechs Jahre für Handelsbriefe und zehn Jahre für alle Belege, nach denen Buchungen in den Handelsbüchern vorgenommen werden. Es ist zu gewährleisten, dass die archivierten E-Mails den Geschäftsvorgängen zugeordnet werden können und bis zum Ende der Aufbewahrungsfrist auf den Datenträgern lesbar sind. Aus betrieblichen Gründen kann Ihr Unternehmen weitere Kriterien zur Aufbewahrung festlegen. Bei der Nutzung eines Dokumentenmanagementsystems kann das E-Mail-Programm normalerweise in das System integriert werden und E-Mails und Anhänge lassen sich direkt aus dem Posteingang in den betrieblichen Dokumentenspeicher datenschutzkonform ablegen.

Datenaustausch über webbasierte Clouds statt E-Mail-Anhänge. Dazu melden Sie sich über Ihren Internetbrowser bei einem Cloudanbieter (z. B. WeTransfer, iDGARD) an oder nutzen eine App z. B. auf dem Smartphone oder Tablet. Entweder Sie oder Ihr Unternehmen nutzen in der mobilen Cloud einen virtuellen Datenraum, dann sind die Dokumente dort gespeichert, oder Sie laden die zu verschickenden Dateien in die Cloud hoch. Über E-Mail wird Ihr Kommunikationspartner benachrichtigt. Durch den zugesandten Link erhält die Person die Berechtigung, die ausgewählt(en) Datei(en) auf den eigenen Rechner herunterzuladen (siehe S. 22 f).

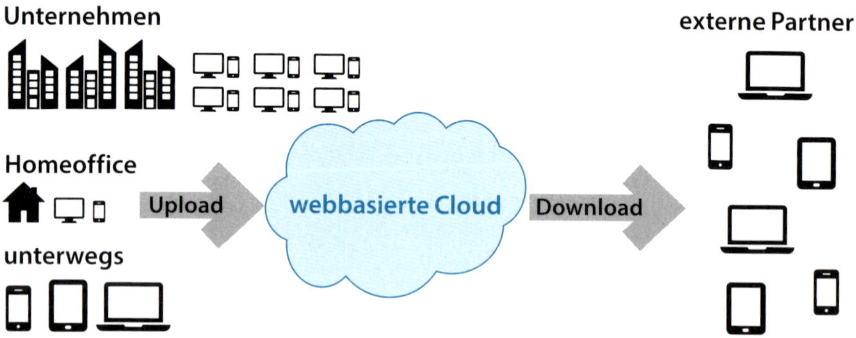

E-Mail-Anhänge mit Kennwort schützen. Sie können Ihre angehängten Dateien auch mit einem Kennwort sichern. Die meisten Textverarbeitungsprogramme bieten die Möglichkeit, Dokumente mit einem Passwort zu schützen.

E-MAIL-ETIKETTE	
1.	Prüfen Sie, ob Sie mit dem geeigneten Medium kommunizieren.
2.	Tragen Sie Cc-Empfängerinnen und -Empfänger so wenig wie möglich ein, aber so oft wie nötig.
3.	Nutzen Sie das Bcc-Feld ausschließlich, um datenschutzkonform mehrere Adressierte anzuschreiben.
4.	Überlegen Sie gut, wem Sie eine E-Mail weiterleiten. Dies könnte leicht als Indiskretion betrachtet werden.
5.	Formulieren Sie einen aussagekräftigen Betreff.
6.	Wählen Sie eine passende Anrede.
7.	Achten Sie auf die korrekte Grammatik und Rechtschreibung.
8.	Beschränken Sie sich auf ein Thema pro Nachricht.
9.	Schreiben Sie kurze und prägnant formulierte Texte ohne Zeilenschaltung. Bilden Sie Absätze mit einer Leerzeile.
10.	Schreiben Sie den Text oder Teile des Nachrichtentextes nicht in Großbuchstaben. Das gilt als Anschreien. Genauso unhöflich ist es, wenn Sie den Text ausschließlich in Kleinbuchstaben schreiben.

E-MAIL-ETIKETTE	
11.	Tragen Sie keine Konflikte per E-Mail aus.
12.	Wählen Sie die passende Verabschiedung. Abkürzungen wie z. B. »mfg« für »Mit freundlichen Grüßen« oder »lg« für »Liebe Grüße« könnten als unhöflich oder nachlässig empfunden werden.
13.	Setzen Sie bei Erstkontakten keine Emoticons oder Emojis ein.
14.	Versenden Sie mit Ihren Nachrichten keine automatischen Prioritäten und verlangen Sie auch keine Lesebestätigungen. Damit setzen Sie Ihre Kommunikationspartner nur unter Druck.
15.	Nutzen Sie für vertrauliche Anhänge eine professionelle Verschlüsselung.
16.	Beantworten Sie Ihre eingegangenen E-Mails innerhalb eines Tages, spätestens aber nach drei Tagen.

KURZNACHRICHTEN-ETIKETTE	
1.	Auf Kurznachrichten sollten Sie möglichst schnell antworten. Es gilt als unhöflich, wenn die Nachrichten stundenlang unbeantwortet bleiben.
2.	Wählen Sie zu Beginn eines externen Chats eine persönliche, höfliche Anrede und verabschieden Sie sich mit einem kurzen freundlichen Gruß. Verwenden Sie keine Abkürzungen.
3.	Formulieren Sie den Nachrichtentext kurz, klar und eindeutig.
4.	Verschicken Sie keine Standardtexte und Werbung.
5.	Fragen Sie bei Unklarheiten doch lieber telefonisch nach.
6.	Nutzen Sie interne Chatfunktionen nicht zwanghaft.
7.	Ping-Pong-Chats wie z. B. »Herzlichen Dank für die Auskunft.« – »Das habe ich gerne für Sie erledigt.« – »Das ist nicht selbstverständlich.« – »Jederzeit gerne wieder.« – sollten Sie vermeiden.
8.	Verwenden Sie Emojis oder Emoticons sparsam.

3.2 Videokonferenzen durchführen

Videokonferenzen werden in speziell eingerichteten Konferenzräumen in Unternehmen, direkt am Arbeitsplatz, im Homeoffice oder unterwegs durchgeführt. Eine gut funktionierende Technik und eine sichere Datenverbindung müssen gewährleistet sein. Viele Kommunikationsplattformen bieten eine einfache Bedienung. Sie erhalten von der ausrichtenden Person einen Einladungslink oder eine Meetingkennnummer mit Passwort. Richten Sie selbst Videokonferenzen aus, laden Sie Ihre Gesprächspartner/-innen über deren E-Mail-Adressen ein.

VORTEILE VON VIDEOKONFERENZEN

... FÜR MITARBEITENDE	... FÜR DAS UNTERNEHMEN
• Zeitersparnis durch Wegfall langer An- und Abreisen • Termine lassen sich leichter finden. • Gespräche können auch weniger Zeit als geplant beanspruchen. • Schneller Informationsaustausch mit externen Mitarbeitenden • Die Bedienung der meisten Tools ist intuitiv einfach. • Das flexible Arbeiten trägt zur besseren Vereinbarkeit von Beruf und Familie bei. • Es kann unabhängig vom Standort gearbeitet werden. Bei internationalen Teams ist die Zeitverschiebung zu beachten. • Im Hinblick auf die firmenbezogenen Abläufe und Prozesse können Wissenslücken schnell geschlossen werden.	• Die Anzahl der Geschäftsreisen und der damit verbundene Organisationsaufwand kann reduziert werden. • Das Organisieren und Bereitstellen von Konferenzräumen erübrigen sich. • Da die Mitarbeitenden weniger unterwegs sind, werden Reisekosten eingespart. • Da weniger CO_2 (Flug und Autoverkehr) verbraucht wird, sind Videokonferenzen klimaschonend. Die höheren Emissionen – verursacht durch den Datenverkehr – müssen allerdings gegengerechnet werden. • Durch neue Arbeitsraumkonzepte können Büroarbeitsplätze eingespart werden.

Videokonferenzen sind zeit- und kostensparend sowie umweltschonend. Sie verbinden die Menschen per Mausklick über große Distanzen und Zeitzonen hinweg und bringen viele Vorteile, sowohl für die Mitarbeitenden als auch für das Unternehmen.

Nicht alles kann per Videokonferenz besprochen werden. Vor allem, wenn es um komplexe und schwierige Themen geht. Auch die Bereitschaft von Menschen, Wissen zu teilen, ist im persönlichen, direkten Gespräch wesentlich höher als in einer Videokonferenz.

Grundsätzlich können drei Arten von Videokonferenzen unterschieden werden:

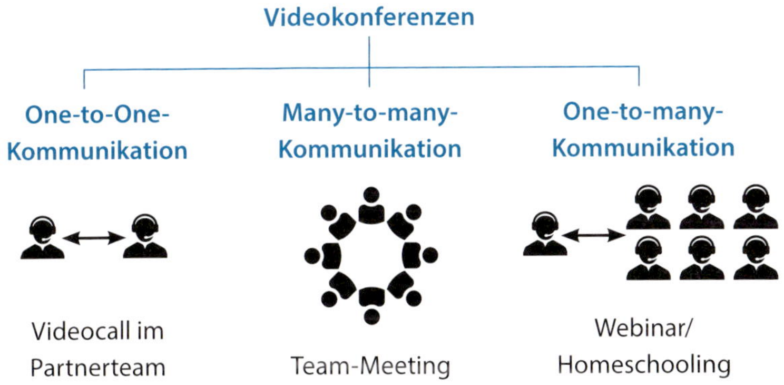

One-to-one-Kommunikation. Sie ist die einfachste Art der virtuellen Videokommunikation, die sowohl im privaten Bereich zur Kontaktpflege als auch im beruflichen Bereich stattfindet. Im beruflichen Bereich sind es eher die Spontangespräche im Partnerarbeitsteam, die dem Informationsaustausch oder zur Klärung einer kurzen Frage eingesetzt werden.

Many-to-many-Kommunikation. Das sind im beruflichen Bereich die gut vorbereiteten Besprechungen und Konferenzen auch mit einem größeren Teilnehmerkreis, in der Regel 3 bis 30 Personen. In diesen virtuellen Zusammenkünften werden Abstimmungen vorgenommen, Beschlüsse gefasst und Ergebnisse erarbeitet (siehe S. 185).

One-to-many-Kommunikation. Diese Art der virtuellen Kommunikation dient der Wissensvermittlung. Die eingesetzten Programme bieten vielfältige Funktionen wie z.B. Koordinationstools, über die die Interaktion zu den teilnehmenden Personen gesteuert wird (siehe S. 185).

Kommunikative Kompetenz

Alle Arten von Videokonferenzen verlangen von den teilnehmenden Personen grundsätzliche kommunikative Fähigkeiten, damit die virtuelle Zusammenarbeit gelingt. Gerade im beruflichen Bereich sind Einfühlungsvermögen, Kommunikationsfähigkeit, Konfliktfähigkeit, Zielorientierung, Teamfähigkeit und Selbstreflexion besonders wichtig. Über welche Kompetenzen Sie verfügen, hängt stark von Ihrer Persönlichkeit ab. Sollten Sie in dem einen oder anderen Bereich Verbesserungspotential sehen, lohnt es sich, daran zu arbeiten.

KOMPETENZEN FÜR DIE GESPRÄCHSFÜHRUNG

KOMPETENZEN	KENNZEICHEN
Einfühlungsvermögen (Empathie)	• Sie können sich gut in die Gedanken, Wünsche, Gefühle von anderen Personen hineinversetzen. • Sie zeigen an Ihrem Gegenüber Interesse und hören gut zu. • Sie können sich auf das Verhalten des Gegenübers souverän einstellen. • Sie haben eine gute Wahrnehmung für die nonverbalen Signale Ihrer Gesprächspartner/-innen.
Kommunikationsfähigkeit	• Sie können sich situativ gut ausdrücken. • Ihre Körpersprache ist kongruent und unterstreicht Ihre Aussagen. • Sie bleiben im Gespräch beim Thema und schweifen nicht ab. • Sie sind inhaltlich gut vorbereitet und können gut argumentieren. • Sie gewähren Ihrem Gegenüber ausreichend Raum zum Sprechen.

KOMPETENZEN	KENNZEICHEN
Kommunikationsfähigkeit	• Sie stellen überwiegend offene Fragen. Offene Fragen beginnen immer mit einer W-Frage (z. B. wer, was, wie) und aktivieren Ihre Gesprächspartner/-innen zum Reden.
Zielorientierung	• Sie sind zielstrebig, verbindlich und konsequent. • Sie definieren realistische Ziele, passen sie gegebenenfalls an und überprüfen die Erreichung.
Konfliktfähigkeit	• Sie zeigen bei Meinungsverschiedenheiten Ihre Bereitschaft, einen Konsens zu finden oder einen Kompromiss einzugehen. • Sie verfügen über Techniken, um mit Konflikten ziel- und lösungsorientiert umzugehen. • Sie sind kritikfähig und lassen sich bei Auseinandersetzungen nicht aus dem Gleichgewicht bringen.
Teamfähigkeit	• Sie haben die Fähigkeit, mit anderen konstruktiv zusammenzuarbeiten. • Sie unterstützen die Teammitglieder, um das gemeinsame Ziel zu erreichen. • Sie arbeiten im Team rivalitätsarm.
Selbstreflexion	• Sie können das eigene Verhalten reflektieren. • Sie kennen Ihre Stärken und Schwächen. • Sie zeigen Interesse am Feedback zur eigenen Person. • Sie sind offen für Kritik und Verbesserungsvorschläge.

Gesprächstechniken anwenden

Das Sprechen und Zuhören in einem One-to-one-Videogespräch erfordert eine höhere Konzentration als bei einem Face-to-Face-Gespräch. Das Gesagte braucht in der Regel etwas Zeit, bis es beim Gegenüber ankommt. Dieses muss es akustisch verstanden haben, um gleichzeitig die verbalen und häufig eingeschränkten nonverbalen Botschaften in die eigenen Gedanken einzuordnen. Das erfordert von allen Beteiligten Disziplin und volle Aufmerksamkeit. Was dazu führen kann, dass wir im Laufe des Arbeitstages schneller abgespannt und müde werden – dieser Effekt wird als »Zoom-Fatigue« bezeichnet.

Folgende Gesprächstechniken verbessern Ihre Videokommunikation:

Aktives Zuhören. Aktives Zuhören in der Videokommunikation fördert eine entspannte Gesprächsatmosphäre und das Verständnis zwischen Ihnen und Ihren Gesprächspartner/-innen – vorausgesetzt die Gruppe ist nicht allzu groß. Im Zweiergespräch lassen sich die mitschwingenden Emotionen ganz gut widerspiegeln. Je größer die Gruppe jedoch wird, umso schwieriger wird es, sich beispielsweise bei Unstimmigkeiten dem Gegenüber anzunähern.

So praktizieren Sie »Aktives Zuhören« in einer Videokonferenz:

- **Blickkontakt.** Halten Sie Blickkontakt mit Ihrem Gegenüber über die Kameralinse. Da die Kameralinse sich am oberen Bildschirm befindet, sollten Sie nicht – wie gewohnt – auf die Bildschirmmitte schauen, sondern die Augen auf die Linse richten.
- **Nicht unterbrechen.** Lassen Sie den Gesprächspartner / die Gesprächspartnerin ausreden und unterbrechen Sie ihn/sie nicht.
- **Verbalisieren.** Greifen Sie die emotionale Botschaft des Gegenübers auf und beschreiben Sie diese mit den eigenen Worten, z. B. »Sie wirken etwas verärgert. Täuscht mich der Eindruck?«
- **Nachfragen.** Signalisieren Sie Ihre Aufmerksamkeit, indem Sie nachfragen, z. B. »Wie kann ich Ihnen helfen?«, »Wie kam es dazu?«
- **Paraphrasieren.** Zeigen Sie Ihrem Gegenüber Interesse an seinen Äußerungen, indem Sie das Gesagte als Feedback in eigene Worte fassen.
- **Zusammenfassen.** Bringen Sie Gesprächsinhalte während eines Gesprächs auf den Punkt. Damit sichern Sie Teilergebnisse und es hilft Ihnen, den Überblick zu behalten.

- **Unklares klären.** Geben Sie an den/die Gesprächspartner/-in sofort eine Rückmeldung, wenn etwas unklar ist.
- **Bestätigungen.** Bestätigungen wie »Wirklich?«, »Ja!« und Bestätigungslaute wie »mhm«, »ach« oder Kopfnicken ermuntern Ihr Gegenüber, weiterzureden.

Argumentieren. Klären Sie Ihre Rolle in der Videokonferenz. Sind Sie Moderator/Moderatorin, Gesprächsleiter/-in, Experte/Expertin oder Teilnehmer/-in? Verschaffen Sie sich eine gute Position, indem Sie sich auf die Inhalte des Gespräches und auf die Argumentation intensiv vorbereiten. Sammeln Sie Fakten zu den Gesprächsthemen. Versuchen Sie möglichst viel über die Personen, die Sie überzeugen wollen, zu erfahren. Informieren Sie sich über getroffene Vereinbarungen. Gibt es betriebliche Vorgaben, die beachtet werden müssen? Bereiten Sie Zahlen, Grafiken oder Tabellen vor, um Ihre Argumentation zu untermauern.

Ich-Botschaften. Formulieren Sie Ihre Meinungen, Empfindungen und Emotionen in einer Ich-Botschaft. Besonders bei Kritik oder in besonderen Situationen, in denen Sie negative oder unangenehme Informationen mitteilen. Thematisieren Sie Ihre eigene Befindlichkeit und appellieren Sie damit an die Hilfsbereitschaft der anderen. Ihr/-e Gesprächspartner/-in kann durch eine Ich-Botschaft eher eine Kritik annehmen und eine konstruktive Lösung anstreben. Das fördert eine angenehme Arbeitsatmosphäre während einer virtuellen Besprechung.

Kommunizieren Sie klar und positiv. Formulieren Sie positiv. Sagen Sie z. B. nicht »Das kann nur schwer umgesetzt werden« sondern »Das lässt sich unter diesen Bedingungen machen«. Vermeiden Sie »Füllwörter« wie z. B. »also«. Vermeiden Sie Weichmacher, z. B. »echt« oder »wirklich«. Setzen Sie Formulierungen im Konjunktiv (z. B. »würde«, »könnte«, »hätte«, »sollte«) sparsam ein – sie wirken abschwächend. Wörter wie »eigentlich« oder »vielleicht« schränken das Gesagte ein und sollten sparsam verwendet werden. Die Wörter»immer«, »ständig« oder »nie« sind Verallgemeinerungen und Übertreibungen, die beim Gegenüber Widerstand auslösen können.

Videogespräche strukturieren

Virtuelle One-to-one-Gespräche sollten gut strukturiert sein. Informieren Sie Ihren Gesprächspartner oder Ihre Gesprächspartnerin vorab, worum es geht, und geben Sie ein Zeitfenster an. Handelt es sich um ein wichtiges Gespräch, ist eine kleine Agenda zu empfehlen.

Gliedern Sie das Gespräch in drei Phasen:

1. Eröffnungsphase	In dieser Phase wird die Gesprächsatmosphäre entscheidend bestimmt. Schalten Sie die Kamera ein und schenken Sie Ihrem Gegenüber volle Aufmerksamkeit. Da die nonverbalen Botschaften in einer Videokommunikation anders wahrgenommen werden, sollten Sie insbesondere auf Ihre Sprache und Haltung achten. Schaffen Sie eine freundliche und positive Stimmung durch einen kurzen Smalltalk oder informieren Sie sich gegenseitig kurz über Arbeitsergebnisse.
2. Kernphase	Die Themen werden nach der Agenda besprochen und die dazugehörigen Dokumente geteilt. In diesem Fall ist immer ein zweiter Bildschirm von Vorteil. Halten Sie die relevanten Dokumente auf dem Desktop bereit. Zeigen Sie digitale Kompetenz, indem Sie mit den Bearbeitungsfunktionen souverän umgehen. Setzen Sie in dieser Phase Gesprächstechniken wie »Aktives Zuhören«, »Argumentieren« und »Ich-Botschaften« ein. Planen Sie bei längeren Meetings virtuelle Pausen ein.
3. Ausstiegsphase	Beenden Sie das Gespräch positiv. Fassen Sie alle Ergebnisse zusammen und stellen Sie diese dem/der Gesprächspartner/-in über einen Link oder in einem komprimierten Verzeichnis zur Verfügung.

One-to-one-Videokonferenzen vorbereiten und durchführen

Vorbereitung

- ungestörte Arbeitsumgebung
- aufgeräumter Hintergrund oder virtuelles Hintergrundbild
- Störfaktoren ausschalten

- Kameraeinstellung prüfen
- Belichtung optimieren
- Desktop aufräumen
- Headset/Mikrofon testen

Videogespräch durchführen

Eröffnungsphase

Kontaktaufnahme
- Kamera ein- und freischalten
- Blickkontakt halten
- kurzer Smalltalk

Gesprächsatmosphäre
- nonverbale Botschaften ermöglichen

Kernphase
Themen nach Agenda

Aktives Zuhören

verbale Signale
- verbalisieren
- paraphrasieren
- nachfragen
- Unklares klären
- Bestätigungen
- zusammenfassen

nonverbale Signale
- Blickkontakt halten
- Kopfnicken
- Lächeln
- wenige und kleine Gesten
- ruhige Mimik
- zusammenfassen

Stimme und Ausdrucksweise

Stimme
- Sprechtempo anpassen
- Gesprächsinhalte betonen
- Sprechpausen

Ausdruck
- positiv formulieren
- kein Konjunktiv
- keine Füllwörter, Fachtermini

Argumentieren

Faktoren
- Rollenklärung
- Inhalte gut vorbereiten
- betriebliche Vorgaben

Kontakt auf Augenhöhe
- Über den/die Gesprächspartner/-in informieren

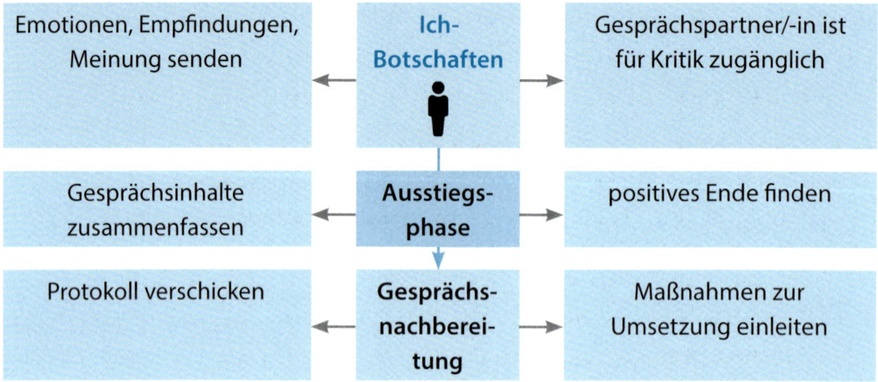

Umgang mit der Technik

Technologie soll die Arbeit unterstützen. Das gilt auch für die Software von Videokonferenzen. Viele Anbieter von Videokonferenzsystemen stellen ihren Kund/-innen ein Portfolio von einfachen und manchmal auch komplizierteren Funktionen zur Verfügung. Falls die Software nicht von Ihrem Arbeitgeber zur Verfügung gestellt wird, prüfen Sie genau, welches System zu Ihnen und Ihren Aufgaben passt. Auch die Vorgaben für die IT-Sicherheit muss im Vorfeld abgeklärt werden. In der Regel können Sie die angebotene Software in einer abgespeckten Version kostenlos nutzen. Für die schwierigen Funktionen des Videokonferenzsystems stehen oft Tutorials bereit.

Eine optimale Arbeitsumgebung schaffen

Je nach App und Gerät können die Bildausschnitte sehr unterschiedlich wirken. Ungünstige Ausleuchtungen und Dekorationen an der Wand lassen die Realität oft in einem anderen Licht erscheinen.

CHECKLISTE – SCHAFFEN SIE EINE OPTIMALE ARBEITSUMGEBUNG FÜR IHRE VIDEOKONFERENZ		
Gestalten Sie sich für Ihren professionellen Auftritt ein professionelles Umfeld:		
1.	**Den richtigen Arbeitsplatz auswählen.** Wählen Sie einen Raum, in dem Ihre Internetverbindung stabil und ausreichend ist. Richten Sie sich eine ruhige und ungestörte Arbeitsumgebung ein. Achten Sie auf ein aufgeräumtes Umfeld – vor allem hinter Ihnen. Die Maus und die Tastatur sollten Sie während der Videokonferenz entspannt bedienen können. Legen Sie evtl. Papierdokumente geordnet und Schreibutensilien in Griffnähe bereit.	☐
2.	**Ruhige Atmosphäre schaffen.** Sorgen Sie für einen angenehmen und professionellen Hintergrund. In den meisten Programmen für Videokonferenzen können Sie aus virtuellen Hintergründen einen passenden wählen oder Ihren realen Hintergrund weichzeichnen. Ein unschöner Nebeneffekt, der sich in manchen Anwendungen zeigt, sind verzerrte Konturen, die rund um das Gesicht entstehen. Vermeiden Sie deshalb ausladende Gesten, um diesen Effekt nicht zu verstärken. Um möglichst authentisch zu wirken, ist ein realer Hintergrund wie beispielsweise ein aufgeräumtes Bücherregal die bessere Wahl. Auch ein frischer Blumenstrauß oder kleine Kunstobjekte im Vorder- oder Hintergrund bilden eine abwechslungsreiche Kulisse.	☐
3.	**Desktop Ihres PC.** Räumen Sie nicht nur den Hintergrund auf, sondern auch Ihren Desktop. Ein »Muss«, wenn Sie mit dem Gegenüber Ihren Computerbildschirm teilen. Wählen Sie ein neutrales Hintergrundbild und schließen Sie die Programme, die Sie nicht benötigen.	☐
4.	**Störfaktoren ausschalten.** Bei Videokonferenzen ist für eine gute Akustik zu sorgen. Fenster sollten deshalb geschlossen bleiben, da die Mikrofone die Geräusche und den Umgebungslärm gleichmäßig aufnehmen. Schalten Sie auch Ihr Handy, Tablet usw. aus. Mit der Geräuschunterdrückungsfunktion können Geräusche aus der Umgebung (z. B. Staubsauger, Maschinen) weitgehend ausgeschaltet werden.	☐

5.	**Kameraeinstellung.** Am Computer, Notebook, Tablet oder Smartphone sind die Kameras integriert. Mit einer zusätzlichen Webcam erzielen Sie eine bessere Qualität. • Stellen Sie die Kamera an Ihrem Computer oder Handy so ein, dass Ihr Gesicht unverzerrt zu sehen ist und etwas freier Platz um Kopf und Schultern herum bleibt. Günstig ist, wenn die Kamera mittig auf Augenhöhe positioniert ist. • Ein guter Abstand von der Kamera zum Gesicht liegt zwischen 50 und 100 Zentimeter. Ab einem Meter Abstand ist der Oberkörper mit den Armen auf dem Tisch gut sichtbar, sodass Ihre Kommunikation durch die Körpersprache unterstützt werden kann. • Günstig ist, wenn Ihr Bildausschnitt möglichst einen 3-D-Eindruck des Raumes vermittelt. Das erreichen Sie, indem Sie einen schrägen, angeschnittenen Bildausschnitt wählen. • Vermeiden Sie Schattenspiele. Schlagschatten entstehen, wenn Sie zu nah an der Wand sitzen.	☐
6.	**Beleuchtung.** Wenn das Licht von hinten kommt, ist Ihr Gesicht nicht zu erkennen, da der Kopf im Schatten liegt. Durch eine schöne Stehlampe im Hintergrund für indirektes Licht lässt sich die Ausleuchtung verbessern. Kommt das Licht von oben, von der Deckenbeleuchtung, werden Ihre Augen verschattet. Gute Ergebnisse erreichen Sie, wenn das Gesicht von vorne ausgeleuchtet wird. Am besten ist Tageslicht ohne direkte Sonneneinstrahlung. Aber nicht immer ist das möglich und Sie müssen zu technischen Hilfsmitteln greifen. Eine schöne schattenfreie Ausleuchtung können Sie mit einem Ringlicht erreichen, eine aufwendigere Lösung ist die Anordnung von zwei geeigneten Lampen links und rechts vom Bildschirm.	☐
7.	**Headset/Mikrofon.** Viele Geräte haben eingebaute Mikrofone, die gut funktionieren. Wollen Sie aber die Geräusche in Ihrer Umgebung eindämmen, dann ist ein Headset eine gute Wahl. Das Headset sollte über einen USB- oder Bluetooth-Anschluss, einen Lautstärkenregler und eine Mute-Taste (Stummschaltung) verfügen.	☐

Wie präsentiere ich mich vor der Kamera?

Ihr Verhalten, Ihre Ausstrahlung und Ihre Haltung vor der Kamera tragen in Videokonferenzen entscheidend dazu bei, eine optimale Gesprächswirkung zu erzielen.

Folgende Tipps helfen Ihnen, Präsenz zu zeigen und entspannt zu bleiben:
Halten Sie virtuellen Blickkontakt. Denn er hat eine nicht zu unterschätzende, starke Wirkung auf die Zuhörenden. Richten Sie Ihren Blick nicht auf die Person oder Ihr eigenes Bild auf dem Bildschirm, sondern auf die Linse der Kamera, die sich am Rand des Bildschirmes befindet. Was für Sie zunächst ungewohnt und irritierend ist, kommt beim Gegenüber angenehm und professionell an. Als kleine Hilfe kleben Sie sich neben die Kamera ein kleines Smiley, das Sie daran erinnert, dass hinter der Linse Ihr Gegenüber sitzt. Sollten Sie etwas notieren müssen, schauen Sie nur kurz weg und nehmen Sie anschließend den Blickkontakt wieder auf.

Bleiben Sie freundlich. Lachen Sie in Videokonferenzen öfter mal mit Ihren Zuhörenden. Oft ist man in Videokonferenzen angespannt, was schnell unfreundlich wirken kann. Lachen und ein freundlicher Gesichtsausdruck wirken verbindend und fördern eine entspannte Gesprächsatmosphäre.

Kleidung. Ein gepflegtes und ordentliches Äußeres sollte auch vor dem Bildschirm selbstverständlich sein. Präsentieren Sie sich vor der Kamera genauso, wie Sie im Büro arbeiten. Dies lässt Sie professioneller aussehen und handeln.

Wie Sie sich kleiden, hängt von der Branche ab, in der Sie arbeiten und in welchem Kontext das Gespräch geführt wird. In der IT-Branche ist eher ein legerer Look üblich. Auch in konservativen Branchen wird der formale Kleidungsstil zunehmend lockerer. Farblich sollten Sie eher neutrale Farben wie Blau oder Grau wählen. Weiß reflektiert stark am Bildschirm, andere Farben wie z.B. Rot oder Pink könnten aggressiv wirken, Karomuster lassen den Bildschirm flimmern.

Achten Sie auf Ihre Körperhaltung und Körpersprache. Sitzen Sie aufrecht, ziehen Sie Ihre Schultern entspannt nach hinten und nehmen Sie das Kinn etwas nach unten. Günstig ist es, wenn Ihr Oberkörper bis zur Tischkante sichtbar ist. Auf keinen Fall sollten Sie mit Ihrem Oberkörper vornübergebeugt vor Ihrem Bildschirm sitzen – was vor allem vor dem Laptop vorkommt.

Falls Sie einen höhenverstellbaren Schreibtisch haben, kommunizieren Sie im Stehen. Sie erweitern den Bereich für die nonverbale Kommunikation durch Ihre Körpersprache und Sie wirken aktiver. Vermitteln Sie eine ruhige Mimik und Gestik durch wenige und kleinere Bewegungen.

Vermeiden Sie übertriebene oder sogar negative Mimik wie z.B. »Augenverdrehen«, stark ausladende und schnelle Gesten. Diese verursachen »Geisterbilder«, die irritierend oder aggressiv wirken können.

Seien Sie aufmerksam. Präsentieren Sie sich als aufmerksam kommunizierende Person. Erledigen Sie während des Gesprächs keine anderen Arbeiten. Bleiben Sie konzentriert und schweifen Sie mit Ihren Gedanken beim Zuhören nicht ab. Führen Sie wichtige Gespräche – wenn möglich – im Stehen durch. Dadurch sind Sie konzentrierter und Ihre Stimme klingt kräftiger. Sprechen Sie Ihre Kommunikationspartner/-innen mit Namen an.

Stimme und Sprechtempo. Stellen Sie sicher, dass Sie klar und deutlich zu hören sind. Sprechen Sie in einer normalen Lautstärke und passen Sie Ihr Sprechtempo dem Atemrhythmus an. Bilden Sie kurze Sätze, damit Ihnen die Zugeschalteten besser folgen können und sprechen Sie dabei lieber etwas langsamer. Heben Sie Ihre Stimme, um Gesprächsinhalte zu betonen.

Wissenschaftliche Untersuchungen haben gezeigt, dass Frauenstimmen bei Onlinegesprächen als weniger ausdrucksstark wahrgenommen werden. Das liegt vor allem an der höheren Stimme von Frauen. Deshalb ist es günstig, gerade in angespannten Situationen auf eine ausgeglichene Stimmhöhe zu achten.

Machen Sie nach einem Redebeitrag eine kurze Pause, damit auch andere die Gelegenheit haben, das Wort zu ergreifen. Das fördert den Dialog.

Antworten. Normalerweise dauert es je nach Internetverbindung etwas länger, bis Fragen bei der Hörerschaft ankommen. Warten Sie deshalb etwas, bis Ihr Gegenüber antwortet.

Funktionen des Programmes testen. Die Funktionen des genutzten Programmes sollten Sie gut kennen, damit Sie während des Videogesprächs souverän damit umgehen. Wer ist wann zu sehen? Wie funktioniert der Chat oder wie schalte ich das Whiteboard für die Zusammenarbeit frei? Je sicherer Sie damit umgehen, umso entspannter wirken Sie auf Ihr Gegenüber.

ETIKETTE FÜR ONE-TO-ONE-KOMMUNIKATION	
1.	Schalten Sie Ihre Kamera ein und schenken Sie Ihren Gegenübern volle Aufmerksamkeit. Ausnahme: Wenn Sie gemeinsam an einem geteilten Dokument arbeiten, reicht die Audiofunktion.
2.	Kommunizieren Sie konzentriert, klar und wertschätzend.
3.	Ironische oder sarkastische Bemerkungen können in Videokonferenzen leicht missverstanden werden und für eine schlechte Gesprächsatmosphäre sorgen.
4.	Beschäftigen Sie sich nebenher nicht mit anderen Dingen.
5.	Kommentieren Sie kurz Ihre Tätigkeit, falls Sie doch Ihre Aufmerksamkeit während eines Videogesprächs auf etwas anderes richten. Sonst könnte Ihr Gegenüber irritiert sein.
6.	Schalten Sie Ihr Handy und alle Pushbenachrichtigungen am PC aus.
7.	Sprechen Sie nicht gleichzeitig. Lassen Sie Ihre Gesprächspartnerin oder Ihren Gesprächspartner ausreden.
8.	Achten Sie auf Ihre Körpersprache. Vermeiden Sie hastige Bewegungen.
9.	Pflegen Sie einen respektvollen Umgang mit Ihrer Gesprächspartnerin oder Ihrem Gesprächspartner.
10.	Bedanken Sie sich freundlich für das Videogespräch und verabschieden Sie sich. Vergessen Sie danach nicht, das Mikrofon und die Kamera auszuschalten.

3.3 Social-Media-Kommunikation

Durch die Entwicklung des Internets vom Web 1.0, dem Abrufnetz, zum Web 2.0, dem sogenannten »Mitmachnetz«, veränderte sich die Kommunikation im Netz grundlegend. Von da an gestalteten und bestimmten die Nutzenden die Inhalte in den sozialen Netzwerken mit. Viele Möglichkeiten haben sich aufgetan, Inhalte selbst zu erstellen und diese im öffentlichen Raum zu verbreiten. Der Wert der Inhalte wird durch Aufmerksamkeit durch Klicks, Likes und Follower gemessen. Die nächste Entwicklung des Internets ist das Web 3.0, das sogenannte semantische oder intelligente Netz, in dem die Bedeutungen der Inhalte erkannt und verknüpft werden.

Auch im beruflichen Bereich können Sie in sozialen Netzwerken mit Ihren externen Partnern in Kontakt treten und zusammenarbeiten. Es gibt Business- und Karrierenetzwerke, Beziehungs- und Bildungsnetzwerke, Videokanäle, Blog- und Messengerdienste. Ein zeitversetzter Austausch findet beim »Mailen«, »Posten« und beim Senden von Kurznachrichten statt. Im Gegensatz dazu wird z. B. beim »Chatten« zeitgleich geschrieben. Social Media ist eine Ergänzung zu den klassischen Kommunikationswerkzeugen wie Brief, E-Mail und Kurznachricht. Sie eröffnen zusätzliche Kommunikationskanäle, die auf Dialog abzielen. Planen Sie den Zeitaufwand zur Pflege der Netzwerke ein, bevor Sie für Ihr Unternehmen einen Account einrichten.

Businessplattformen wie LinkedIn und Xing bieten viele Möglichkeiten, sich beruflich zu informieren, auszutauschen und zu netzwerken. In den kostenpflichtigen Bereichen können Fortbildungsangebote wie z. B. professionelle Tutorials und Webinare zu beruflichen Themen genutzt werden. Über Twitter können Sie wichtige Informationen in Echtzeit einem großen Nutzerkreis zugänglich machen, z. B. Einladungen zu Veranstaltungen mit Hashtags zu näheren Informationen.

Die bekanntesten Social-Media-Plattformen

Social Media sind Plattformen, Websites, Netzwerke und Apps, über die Nutzende Inhalte erstellen, teilen, gemeinsam bearbeiten und sich vernetzen. Die externe Kommunikation in Unternehmen ist meistens durch die Compliance geregelt.

YouTube
YouTube ist ein Videonetzwerk mit Videos aller Art, z. B. Musikvideos, Sportvideos, Erklärvideos für Themen aus der Schule, Tutorials, Sendungen aus dem Fernsehen. Es wird vor allem genutzt, um Videos anzusehen, zu kommentieren und zu favorisieren. Auch eigene Videos können in YouTube eingestellt werden. Dazu ist ein Nutzerkonto notwendig. Die hochgeladenen Videos sind je nach Einstellung öffentlich, privat oder nur für Nutzende, die den Link kennen, aufrufbar.

Twitter
Twitter ist ein Microbloggingdienst. Wenn Sie auf die Homepage gehen, werden Sie mit folgendem Satz empfangen: »Finde heraus, was es bei den Leuten und Organisationen, die Dich interessieren, Neues gibt.« Alle können sich anmelden und 280 Zeichen verschicken. Die Nachrichten werden in Echtzeit gepostet und sind nicht an eine bestimmte Person gerichtet. Sie sind öffentlich und man hat keinen Einfluss darauf, wer die Botschaften liest.

LinkedIn
LinkedIn ist ein soziales Netzwerk, das auf Beruf und Karriere spezialisiert ist. Unternehmen nutzen das Netzwerk, um neue Geschäftskontakte zu knüpfen und geeignete Mitarbeitende zu finden. Viele Nutzer/-innen erstellen ein kostenfreies Profil über sich mit Lebenslauf und suchen nach passenden Jobangeboten.

Xing
Xing ist ein soziales Netzwerk für berufliche Kontakte, das seinen Ursprung in Deutschland hat. Im Netzwerk können Sie beispielsweise einen neuen Job suchen, einen fachlichen Rat einholen oder nach neuen Geschäftsideen suchen.

Facebook
Facebook ist ein soziales Netzwerk, über das sich Menschen auf der ganzen Welt vernetzen können. Auf der interaktiven Plattform können Nutzende persönliche Profile erstellen und diese durch Freundschaftsanfragen mit anderen Personen verknüpfen. Auch Unternehmen erstellen auf Facebook Ihre Unternehmenspräsenz. Sie verbinden sich mit ihrer Zielgruppe, um in einen aktiven Dialog zu treten.

WhatsApp
WhatsApp ist ein Instant-Messaging-Dienst, der zum Facebook-Konzern gehört. Neben Text- und Sprachnachrichten können Sie auch Fotos und Videos versenden sowie die Videotelefonie in Face-to-Face-Gesprächen oder in Gruppen nutzen. Nur wenn Sie die Gruppe gegründet haben, können Sie einzelne Personen aus der Gruppe hinzufügen oder entfernen. Über Broadcasts versenden Sie Nachrichten an mehrere Kontakte gleichzeitig. Im Gegensatz zum Gruppenchat wissen die Mitglieder aber nicht, welche weiteren Personen diese Nachricht bekommen haben.

Instagram
Instagram ist ein soziales Netzwerk und gehört zum Facebook-Konzern. Die Nutzenden erstellen Bild- und Videonachrichten, die sie über das soziale Netzwerk verteilen und mit einem Text versehen können. Sie drücken mit Bildern ihre Ansichten aus und machen auf sich aufmerksam. Die wichtigste Funktion ist das Teilen von Fotos und Videos. Über die App können Sie die Fotos und Videos direkt aufnehmen oder importieren. Personen und Orte können getaggt, Fotos und Videos gelikt oder kommentiert werden.

Pinterest
Pinterest ist ein soziales Netzwerk und eine Bilderplattform, deren Name die Abkürzung von »Pin your interest« ist. Sie können dort eine eigene Onlinepinnwand nach Ihren Interessen gestalten. Außerdem besitzt Pinterest eine Suchmaschine für Bilder. Die relevanten Inhalte lassen sich über »Merken« einsammeln und anschließend nach verschiedenen Themengebieten sortieren. Die Bilder sind sogenannte

Pins, die mit Webseiten verlinkt sind und sich durch die Verlinkung anderer Nutzerinnen und Nutzer weiterverbreiten.

Wenn Sie aktiv auf Social-Media-Kanälen kommunizieren, wie beispielsweise Chatten, Liken, Posten, sollten Sie immer authentisch bleiben und die Adressierten auf eine angemessene und angenehme Art und Weise ansprechen. Denken Sie auch an Ihre Netzreputation; das Internet vergisst nichts. Ein angemessenes Verhalten und eine wertschätzende Kommunikation sind wichtig, sonst ist Ihr Ruf oder der Ihres Unternehmens im Netz gefährdet.

CHECKLISTE VERHALTEN UND KOMMUNIKATION IN SOZIALEN NETZWERKEN		
Das sollten Sie bei der Kommunikation in sozialen Netzwerken beachten:		
1.	**Verhalten.** Seien Sie immer ehrlich. Damit schaffen Sie eine vertrauensvolle Basis. Durch unbedachte Kommentare, Posts oder Tweets kann es leicht zu Missverständnissen kommen – oder Sie können noch schlimmer einen Shitstorm oder karriereschädigende Reaktionen auslösen. Bleiben Sie deshalb authentisch, damit sind Sie auf der sicheren Seite.	☐
2.	**Wertschätzung.** Verhalten Sie sich in den sozialen Netzwerken Ihren Kommunikationspartnern gegenüber wertschätzend. Das heißt aber nicht schmeicheln. Wenn es beispielsweise um eine ehrliche Anerkennung einer Leistung geht, zeigen Sie Ihre Bewunderung nicht nur durch ein Like, sondern begründen Sie es mit ein paar freundlichen Zeilen. Das wirkt überzeugender.	☐
3.	**Umgangston.** Achten Sie auf einen angemessenen Umgangston, bleiben Sie freundlich. Damit sorgen Sie für eine gute Stimmung. Im Gegensatz zu einem direkten Gespräch können Sie Ihre Botschaften nicht mit Mimik, Gestik oder Tonfall unterstreichen. Schreiben Sie nichts, was Sie später bereuen könnten. Und auf keinen Fall anonym. Lassen Sie sich nicht provozieren.	☐

4.	**Bleiben Sie im Dialog.** Reagieren Sie in einer angemessenen Zeit auf Fragen, Rückmeldungen usw. In sozialen Medien wird ständig neuer »Content« erwartet – was ein großer Arbeitsaufwand bedeutet, den Sie aber investieren müssen, wenn Sie Erfolg haben wollen.	☐
5.	**Persönlichkeitsrechte achten.** Posten oder taggen Sie nicht ungefragt Bilder von Dritten. Machen Sie keine Angaben zu privaten Daten anderer Personen im Netz.	☐
6.	**Haltung.** Zeigen Sie Haltung, aber höflich. Kritische Äußerungen sollten Sie in einem angemessenen Ton formulieren, damit sie nicht beleidigend wirken. Verbreiten Sie keine ungeprüften Behauptungen.	☐
7.	**Compliance.** Halten Sie sich an die Social-Media-Richtlinien Ihres Unternehmens, z. B. die Verschwiegenheitspflicht.	
8.	**Gesetzliche Vorgaben.** Halten Sie die gesetzlichen Bestimmungen (z. B. Datenschutzgrundverordnung DSGVO, das Urheber- und Lizenzrecht, Markenrecht) ein.	☐

Texte in sozialen Netzwerken

Was ist Content? Das englische Wort »content« bedeutet »Inhalt«. Es sind Inhalte, die auf Webseiten oder in Netzwerken eingestellt werden. Hierzu zählen Texte, Bilder, Videos, Grafiken, aber auch Posts bilden einen Teil des Contents in sozialen Netzwerken. Content wird in sozialen Medien erstellt, um zu verkaufen, zu informieren oder aber auch um gelikt zu werden.

Aber auch die Inhalte, die im Unternehmen sowohl im betrieblichen als auch im persönlichen Bereich erstellt und gespeichert werden, bezeichnet man als Content. Hier geht es um Wissensinhalte, die von den Beschäftigten mit Fachkenntnissen oder hoher Qualifikation erzeugt werden und für das Unternehmen hohen Wert haben.

Was sind gute Texte? Ein guter Text spricht Gefühle an, bietet glaubwürdige Informationen oder erzählt wahre Geschichten. Wenn Sie eigene Texte für das Internet verfassen, sollten Sie Ihren eigenen

Schreibstil entwickeln, um einen Wiedererkennungswert zu erreichen. Schreiben Sie für Ihr Unternehmen, gibt es klare Vorgaben, was Sie bei Ihren Aktivitäten in den sozialen Netzwerken beachten müssen. Ein bisschen Arbeit und Zeit sollte man schon investieren.

CHECKLISTE – TEXTE VERFASSEN		
Das sollten Sie beim Verfassen von Texten in sozialen Netzwerken beachten:		
1.	**Formulierung.** Verfassen Sie Texte empfängerorientiert, kurz und prägnant – nicht nachlässig, z. B. »Ich möchte dazu meine Meinung sagen …« besser »Ich bin nicht einverstanden …«. Seien Sie auch bei der Einhaltung von Rechtschreib- und Grammatikregeln genau. Lassen Sie den Text vor der Veröffentlichung lieber noch einmal gegenlesen. Verwenden Sie nicht den Nominalstil – eine Ausdrucksweise, die vor allem durch Nomen gekennzeichnet ist. Er wirkt eintönig und unbeholfen, z. B. »Die Durchführung der Befragung war rechtlich nicht in Ordnung.« besser »Die Befragung wurde nicht datenschutzkonform durchgeführt.« Vermeiden Sie den Passivstil, die grammatische »Leideform« – sie wirkt langweilig, z. B. »Es wird von den Betroffenen erwartet, dass …« besser: »Wir erwarten von den Betroffenen, dass …«	☐
2.	**Abkürzungen.** Vermeiden Sie Fachwörter und branchenspezifische Abkürzungen. Sprachlich gebräuchliche Abkürzungen sollten Sie richtig verwenden: Abkürzungen, die in vollem Wortlaut gesprochen werden, erhalten in der Regel einen Punkt, z. B. bzw. (beziehungsweise), d. h. (das heißt). Werden Abkürzungen wie selbständige Wörter gesprochen, schreibt man sie ohne Punkt und ohne Leerzeichen, z. B. HGB (Handelsgesetzbuch), BIC (Bank Identifier Code).	☐

3. **Floskeln.** Sie können schnell angestaubt oder kitschig wirken, z. B. »Social Media ist in aller Munde!« besser »Social Media das Mitmachnetz!« ☐

4. **Emoticons und Emojis.** Sie haben alle Bereiche der digitalen Kommunikation erorbert. Sie werden in E-Mails, Chats, SMS u. Ä. verwendet.

Auch wenn es widersprüchlich klingt, so gilt die Onlinekommunikation als kommunikationsarm. Es fehlen ihr nämlich nützliche Informationen wie Gesten, Mimik oder Intonation, die in einem direkten Gespräch mehr oder weniger unbewusst und spontan eingesetzt werden. Bei der Nutzung von Social-Media-Software setzen die Absendenden die kleinen Bildzeichen gerne ein, um beispielsweise unernste Bemerkungen in einer Nachricht zu kennzeichnen.

Emoticons/Emojis:
:-) 🙂 entspricht freudig, :-(☹️ entspricht traurig

Emojis erfüllen in der Onlinekommunikation vielfältige Funktionen: ☐

- Steht ein Emoji am Ende einer Nachricht, kommentiert und bewertet der Schreibende damit seine subjektive Sicht.

  Bei den Verhandlungen hatte ich kein gutes Gefühl. ☹️

- Ein Emoji kann auch als Ersatz für ein Wort stehen.

  Es wäre schön, wenn wir uns heute um 12:00 Uhr zum 🍽️ treffen könnten.

- Häufig sieht man auch, dass mehrere Bildzeichen am Ende einer Nachricht zur Illustration eingesetzt werden.

  Ich wünsche Ihnen einen wunderschönen Urlaub. ✈️ ☀️ 🗽 🎡

Die zwei letzten Möglichkeiten sind eher unter Kolleginnen und Kollegen üblich.

5.	**Der Apostroph.** Setzen Sie den Apostroph (Auslassungszeichen) richtig. Der Apostroph ersetzt ausgelassene Buchstaben und kennzeichnet den Genitiv von Namen, die auf s, ss, ß, tz, z, x, ce enden und keinen Artikel o. Ä. bei sich haben. z. B. »Haltestelle Ku'damm«, Carmen Prieß' Tweet, Max' Webseite.	☐
6.	**Gendergerechte Sprache.** Schreiben Sie gendergerechte Texte (siehe S. 84).	☐
7.	**Barrierefreie Texte veröffentlichen.** Erleichtern Sie Menschen mit Beeinträchtigungen die Lesbarkeit Ihrer Texte. Verwenden Sie dazu den PDF-Standard PDF/UA (Universal Accessibility).	
8.	**»Sie« oder »Du«?** Auf den meisten Social-Media-Kanälen überwiegt das »Du«. Im geschäftlichen Bereich oder wenn Sie sich für eine Stellenbewerbung interessieren, prüfen Sie zuerst, welche Umgangsformen in der Branche oder dem Unternehmen gepflegt werden. Verzichten Sie auf das Siezen nur, wenn Ihre Zielgruppe sehr jung ist.	☐
9.	**Kontaktdaten in den sozialen Netzwerken.** Weisen Sie auf Ihre Präsenz in den sozialen Medien hin, z. B.: Folgen Sie uns auf den sozialen Netzwerken linkedin.com/company/musterteam facebook.com/musterteam pinterest.com/musterteam twitter.com/musterteam #musterunternehmen #musterteam	☐

Welche Rolle spielen Hashtags (#) in Texten? Eins der bekanntesten Tags ist das Hashtag (#). Der Begriff setzt sich aus den englischen Wörtern »hash« (Raute) und »tag« (Markierung) zusammen. Das Rautezeichen finden Sie in Kurznachrichten auf Twitter, in Posts auf Instagram, Facebook sowie auf anderen Plattformen im Internet. Mit Hashtags können Sie Inhalte kategorisieren und verschlagworten. Sie funktionieren ähnlich wie Links. Durch Anklicken wird man zu Beiträgen geführt, die von Suchmaschinen und anderen Suchhilfen gefunden und aufgelistet werden. Sie helfen, die Reichweite und die Sichtbarkeit im Internet aufzubauen. Den Nutzenden ermöglichen sie, gekennzeichnete Beiträge schnell im Netz zu finden. Nach dem Hashtag können Buchstaben, Ziffern und Emojis folgen. Zwischen dem Zeichen »#« und dem Schlagwort, Slogan oder der Abkürzung steht kein Leerschritt. Innerhalb der Bezeichnung dürfen keine Satz- und Sonderzeichen stehen, z. B. #Bürointelligentundsmart. Mehrere hintereinander folgende getaggte Begriffe werden mit einem Leerschritt getrennt, z. B. #Schreibtisch #Bürostuhl #Bürobeleuchtung.

CHECKLISTE – HASHTAGS IN TEXTEN		
So erstellen und wenden Sie Hashtags richtig an:		
1.	**Kreieren Sie Hashtags, die zu Ihrer Zielgruppe passen und für die Nutzenden relevant sind.** Wichtig ist, dass die Schlagworte kurz, treffend und nicht zu beliebig sind.	☐
2.	**Gestalten Sie Ihren Text und die Hashtags übersichtlich.** Setzen Sie nach einer Zeile Abstand die Hashtags unter Ihren Beitrag oder Kommentar. Sonst wird Ihr Text schnell unübersichtlich und lässt sich schlecht lesen.	☐
3.	**Überladen Sie Ihren Beitrag nicht.** Messen Sie die Anzahl an dem, wie viel Sie in Ihrem Post schreiben – wenig Text maximal fünf Hashtags, längere Beiträge 10 bis 30 Hashtags. Auf manchen Plattformen ist die Anzahl der Hashtags limitiert, z. B. Instagram lässt bis zu 30 Hashtags pro Post zu.	☐
4.	**Hashtags müssen geeignet sein.** Verwenden Sie nur Hashtags, die zu Ihrem Beitrag oder Bild passen.	☐
5.	**Sonderzeichen in Hashtags.** Die meisten sozialen Netzwerke (Facebook, LinkedIn, Instagram und Twitter) unterstützen die deutschsprachigen Umlaute und das ß (groß/klein). Auf Plattformen, die das ß und die Umlaute nicht unterstützen, werden sie durch ß = ss, ö = oe, ü = ue und ä = ae ersetzt. Bindestrich, Satz- und andere Sonderzeichen können in Hashtags aktuell nicht verwendet werden, z. B.	☐

	#Baden-Württemberg. Statt des Bindestrichs könnten Sie auch den Grundstrich _ verwenden, z. B. #Baden_Württemberg, was aber die Schreibung nicht ökonomischer macht. Gebräuchliche Abkürzungen können sinnvolle Alternativen sein, z. B. #BaWü.	

SEO-Texte. SEO-Texte (Search Engine Optimization) sind für Suchmaschinen optimierte Texte. Sie werden mit dem Ziel erstellt, eine Webseite in der Trefferliste von Suchmaschinen möglichst weit nach oben zu bringen.

CHECKLISTE – SEO-TEXTE SCHREIBEN		
So optimieren Sie Ihren Social-Media-Content:		
1.	**Hochwertige Texte.** Verfassen Sie qualitativ hochwertige Texte, die neu, interessant und gut recherchiert sind. Wecken Sie das Interesse der Nutzerinnen und Nutzer.	☐
2.	**Zielgruppe.** Passen Sie den Text Ihrer Zielgruppe an. Welche Bedürfnisse haben die Menschen Ihrer Zielgruppe? Wonach suchen sie? Welche Probleme haben sie? Erzeugen Sie Neugier und Gefühle.	☐
3.	**Wichtige Inhalte gut positionieren.** Platzieren Sie die wichtigsten Inhalte am Anfang oder im Vorspann. Legen Sie Wert auf einen spannenden ersten Satz.	☐
4.	**Textstruktur.** Strukturieren Sie Ihren Text: Kreieren Sie eine aussagekräftige Überschrift mit einzigartigen Schlüsselwörtern. Gliedern Sie den gut lesbaren Text in Absätze und ansprechende Zwischenüberschriften. Weitere Gestaltungsmittel sind Tabellen, Listen, Infokästen oder ausklappbare Texte.	☐
5.	**Interne und externe Links.** Bauen Sie in Ihren Text externe Links (auf andere Webseiten, Blogs u. Ä.) und interne Links (Inhalte auf der eigenen Homepage u. Ä.) ein.	☐
6.	**Nicht nur Text.** Ergänzen Sie Ihren Text mit Fotos, Videos, Podcasts oder Infografiken.	☐
7.	**Ranking.** Das Ranking wird auch von der Klickrate und Verweildauer auf der Webseite beeinflusst.	☐

Tipps zum Texten auf den Plattformen LinkedIn, Blogs, Twitter und Facebook

LinkedIn-Texte. LinkedIn ist eine Businessplattform für Karriereplanung. Neben einem guten Profilfoto sollten Sie auf den Profilslogan großen Wert legen. Er beschreibt Ihre aktuelle Position und Ihren Arbeitgeber und erscheint direkt unter dem Profilfoto. Das ist das erste, was die Nutzenden von Ihnen sehen. Der Profilslogan besteht aus drei Stichwörtern, dem Firmennamen, der Berufsbezeichnung und einem kreativen dritten Wort.

z. B. **Miriam Müller** | **DIGITALY** | Data Analyst | Data Scientist

Im zweiten Schritt erstellen Sie den Text für den **Infokasten**. Unter »Info« können Sie mit eigenen Worten beschreiben, welche Qualifikationen Sie besonders auszeichnen. Nehmen Sie Bezug auf den Profilslogan. Schreiben Sie die ersten drei Zeilen Ihrer Zusammenfassung besonders aussagekräftig. Diese werden beim ersten Klick im Infokasten sichtbar und sollen neugierig machen. Denn erst durch den Klick auf »Mehr anzeigen« wird der komplette Text angezeigt.

Schreiben Sie in der **Ich-Form** und **im Aktiv**. Die Beschreibung sollte wiedergeben, was Ihre Persönlichkeit ausmacht. Eine korrekte Rechtschreibung und eine ansprechende äußere Form sind selbstverständlich.

Blogtexte. Ein Blog ist eine Art öffentliches Tagebuch, das online zur Verfügung steht. Es gibt beispielsweise Lifestyleblogs, Foodblogs, Reiseblogs oder Fitnessblogs. Die von der bloggenden Person veröffentlichte Einträge (Postings oder Posts) werden chronologisch aufgelistet. Der aktuelle Eintrag steht immer oben.

Inhalte eines Blogs sind Neuigkeiten, Beschreibungen des Alltags, Erfahrungen und Erlebnisse, die persönliche Meinung, unterhaltsame Beobachtungen, Fachliches und Wissenswertes. In den meisten Blogs können Besucherinnen und Besucher Beiträge kommentieren und in eine Diskussion einsteigen. Mit einer Moderationsfunktion eines Blogs können Sie sich die Kommentare vor der Veröffentlichung anzeigen lassen. Das schützt Sie vor unerwünschten Beiträgen.

Unternehmen und Organisationen nutzen Blogs als Element ihrer Firmen- und Marktstrategie. Ziel der Strategie ist es, eine bestimmte Zielgruppe anzusprechen, die Reichweite zu erhöhen und die Webseite zu stärken. Ein gut gemachter und konsequent geführter Blog kann das Firmenimage steigern und bei der Zielgruppe Vertrauen zum Unternehmen aufbauen. Die Besucher/-innen des Blogs erhalten Fachwissen und Hintergrundinformationen zu den Produkten.

CHECKLISTE – BLOGTEXTE ERSTELLEN		
Folgende Tipps helfen Ihnen, gute Blogtexte zu schreiben:		
1.	**Formulierung.** Schreiben Sie kurz und prägnant; aber auch freundlich, amüsant, kreativ, persönlich und überraschend.	☐
2.	**Zielgruppe.** Behalten Sie Ihre Zielgruppe im Blick. Welche Themen sind gerade aktuell? Welche Probleme sind zu lösen? Bieten Sie den Besucherinnen und Besuchern Ihres Blogs einen Mehrwert – z. B. eine Lösung oder eine Idee.	☐
3.	**Regelmäßig neuer Content.** Veröffentlichen Sie regelmäßig neuen Content, sonst verlieren Ihre Besucherinnen und Besucher schnell das Interesse an Ihren Themen. Mit aktuellen und einzigartigen Themen gewinnen Sie schnell Aufmerksamkeit.	☐
4.	**Aussagekräftige Headline.** Finden Sie eine treffende Überschrift für Ihren Text – mit relevanten Schlüsselwörtern für Suchmaschinen. Hüten Sie sich vor Überschriften, die aufdringlich sind, Halbwahrheiten suggerieren oder etwas heucheln. Geeignet sind Überschriften, die Fans und Follower zur Diskussion oder einer Interaktion einladen.	☐
5.	**Kritik.** Wenn Sie ein Unternehmen kritisieren, machen Sie dabei deutlich, dass es sich um Ihre persönliche Meinung handelt. Verwenden Sie dazu bewusst die Pronomen »ich« und »wir«. Äußern Sie nicht pauschal Ihre Kritik an Leistungen oder Produkten eines Anbieters, sondern nur an denen, mit denen Sie schlechte Erfahrungen gemacht haben.	☐

6.	**Verallgemeinerungen.** Verzichten Sie auf verallgemeinernde Adverbien wie »immer«, »dauernd«, »ständig«, »nie«.	☐
7.	**Urheberrecht.** Wenn Sie andere zitieren, müssen Sie den Urheber/die Urheberin nennen. Der Umfang des Zitats muss angemessen sein – also keinesfalls länger als Ihr eigener Beitrag.	☐

Twittertexte. Twitter ist ein Microbloggingdienst und heißt übersetzt »Gezwitscher«. Die Nachrichten, die man selbst oder andere schreiben, heißen Tweets. Das Schreiben von Tweets wird als »Twittern« bezeichnet. Texte im Umfang bis zu 280 Zeichen können in Echtzeit gepostet werden. Über Links werden aber auch umfangreichere Texte oder Websites angezeigt.

Die Tweets werden in Echtzeit gepostet und sind nicht an eine Person gerichtet. Sie sind öffentlich und Sie haben keinen Einfluss darauf, wer Ihre Botschaften liest, es sei denn, Sie geben Ihre Nachricht nur für einen bestimmten Personenkreis frei.

Alle Nutzenden sind auch »Follower«, denen wiederum andere Personen folgen können. In der »Timeline« werden alle neuen Beiträge chronologisch aufgelistet, die die Personen abgesetzt haben, denen man folgt. Der neueste Tweet steht immer ganz oben. Die Weiterleitung eines Tweets nennt man »Retweet«.

Das Hashtag (#) wurde sozusagen von Twitternutzenden erfunden, damit Nutzende leichter Themen folgen konnten. Die Schlüsselwörter werden von den Twittersuchmaschinen und anderen Suchhilfen gefunden und aufgelistet. Über die Twittersuchfunktion finden Sie auch Wörter, die nicht mit einem Hashtag markiert sind.

CHECKLISTE – TWEET SCHREIBEN		
Folgende Tipps helfen Ihnen, gute Tweets zu schreiben:		
1.	Schreiben Sie einen Gedanken pro Tweet.	☐
2.	Geben Sie Ihrer Leserschaft einen Mehrwert.	☐
3.	Vermeiden Sie Rechtschreibfehler.	☐

4.	Twittern Sie auf Englisch, wenn Sie ein internationales Unternehmen sind und Ihre Leser/-innen englischsprachig sind. Ansonsten twittern Sie auf Deutsch.	☐
5.	Beachten Sie den Datenschutz und das Urheberrecht.	☐
6.	Bleiben Sie höflich und zeigen Sie Haltung.	☐
7.	Halten Sie sich an die Social-Media-Richtlinien Ihres Unternehmens.	☐
8.	Publizieren Sie nicht, sondern kommunizieren Sie. Auf Ihre Beiträge wird es Reaktionen und Antworten geben – spielen Sie den Ball zurück.	☐
9.	Machen Sie keine unüberlegten Äußerungen. Die Beiträge sind sehr lange im Netz verfügbar. Auch nachdem Sie einen Betrag gelöscht haben, können Screenshots davon im Umlauf sein.	☐
10.	Kennzeichnen Sie Ihre private Meinung (z. B. durch einen Eintrag »Dies ist mein privater Account.«).	☐
11.	Tabu sind geschäfts- oder rufschädigende Äußerungen, falsche Tatsachenbehauptungen, Drohungen und Beleidigungen.	☐
12.	Schreiben Sie Retweets genauso sorgfältig wie Ihre eigenen.	☐
13.	Verwenden Sie nicht nicht mehr als zwei bis drei Hashtags pro Tweet.	☐

Facebook. Es ist das größte soziale Netzwerk und verbindet Menschen auf der ganzen Welt – sowohl im privaten als auch zunehmend im beruflichen Bereich. Seit jeher ist Facebook auf eine starke Vernetzung von Menschen ausgelegt. Jede Nutzerin und jeder Nutzer verfügt über eine Profilseite, auf der er oder sie Postings veröffentlicht, Statusmeldungen verfasst, Nachrichten sendet oder chattet. Besucher/-innen können dort »öffentlich« oder als »Freunde« Nachrichten hinterlassen oder Kommentare zu bestimmten Beiträgen schreiben. »Facebook-Freunde« sind untereinander vernetzt und stehen miteinander im Dialog. Mit anderen Nutzenden kann man sich

»befreunden« und »Fan« werden. Dazu reicht ein Klick auf den »Gefällt-mir«-Button.

CHECKLISTE – FACEBOOK-INHALTE POSTEN		
Folgende Tipps helfen Ihnen, gute Beiträge in Facebook zu posten:		
1.	**Postings.** Binden Sie in Ihre Postings Links, Bilder oder Videos ein. Damit bekommen Sie eine größere Reichweite.	☐
2.	**Hochwertiger Content.** Legen Sie Wert auf eine sorgfältige Formulierung Ihrer Texte, korrekte Rechtschreibung und gute, aussagekräftige Bilder.	☐
3.	**Headline.** Schreiben Sie nie ohne Überschrift.	☐
4.	**Storytelling.** Erzählen Sie Geschichten. Wie ist es dazu gekommen, dass Sie genau dieses Produkt kauften oder diese Reise gemacht haben.	☐

Aktivitäten in den sozialen Netzwerken

Neben »Bloggen« und »Twittern« sind in sozialen Netzwerken die folgenden Aktivitäten üblich:

Chatten. Der Chat (englisch für »Plauderei«) ist ein Meinungsaustausch in Echtzeit. Das Chatten ist über Instant-Messengerdienste möglich oder kann in unterschiedlichen virtuellen Räumen genutzt werden. Fast in jeder Applikation für Videokonferenzen oder auf Kommunikations- und Kollaborationsplattformen gibt es eine Chatanwendung. Beim Chatten findet ein direkter, meist zeitgleicher Austausch statt.

Zu den beliebtesten Instant-Messenger-Anbietern zählen WhatsApp und Threema. Beide Dienste nutzen zur Übertragung der Nachrichten eine Ende-zu-Ende-Verschlüsselung, die im Hintergrund automatisch aktiv ist. Bei jeder Kommunikation wird die Nachricht vor dem Versand beim Absenden verschlüsselt und beim Empfangen entschlüsselt. Die Berechtigungen, die Sie dem Messengerdienst einräumen möchten, werden über die Einstellungen des Endgerätes

(Smartphone, Tablet oder Notebook) gesteuert, z.B. der Zugriff auf das Adressbuch auf Ihrem Smartphone.

Beim Chatten werden alle Nachrichten, die Sie mit einer Person austauschen, in einem Chatverlauf dokumentiert. Deshalb ist auch bei dieser Form der schriftlichen Unterhaltung auf eine gute Formulierung im angemessenen Ton und auf Rechtschreibung sowie Grammatik zu achten – vor allem im beruflichen Kontext.

Sehr beliebt sind Chatgruppen in den unterschiedlichsten Bereichen. Im privaten Bereich z.B. ein Elternchat, über den sich Eltern einer Klasse austauschen und sich auf dem Laufenden halten. Im beruflichen Bereich sind es z.B. Arbeitsgemeinschaften oder Projektgruppen. Bevor Sie aber eine Chatgruppe einrichten, sollten Sie mit den Mitgliedern der Gruppe gemeinsame Regeln für die Kommunikation festlegen. Oft ist die Person, die den Gruppenchat einrichtet, auch die sogenannte Administration, die an gemeinsame Regeln erinnert und wenn nötig moderiert.

Im beruflichen Bereich kommen Team-Messenger (z.B. Slack, Twist, Rocket.Chat) zum Einsatz. In der Bezahlversion bieten sie beispielsweise folgende hilfreiche Funktionen:

- Suchfunktionen
- Verwaltung von Zugriffsrechten
- hohe Speicherkapazität
- Sicherheit und Datenschutz
- Gespräche verlaufen in eigenen Threads
- Unterhaltungen werden nach Themen unterteilt

Chatbots. Immer beliebter werden Chatbots. Sie unterstützen die digitalen Prozesse in Unternehmen, z.B. in der Kundenbetreuung als Livesupport. Chatbots basieren auf künstlicher Intelligenz und bilden häufig die Schnittstelle zwischen Unternehmen und Kund/-innen. Sie antworten auf die Fragen der Kund/-innen im Sinne von FAQs und bieten den Anfragenden rund um die Uhr Hilfestellungen an.

CHECKLISTE – CHATTEN		
Das sollten Sie beim Chatten beachten:		
1.	**Muss auf eine Nachricht sofort geantwortet werden?** Ein Chat dient grundsätzlich dem gleichzeitig aktiven Austausch. Das heißt aber nicht, dass Sie in WhatsApp, Threema o. Ä. Messengerdiensten sofort reagieren müssen, wenn eine Nachricht eingeht. Oft haben die Nachrichten einen rein informativen Charakter. Im Gruppenchat ergibt es Sinn, im Vorfeld zeitliche Begrenzungen (z. B. ab 18:00 Uhr werden keine Antworten mehr gesendet) festzulegen. Anders verhält es sich bei integrierten Chats auf Kommunikations- und Kollaborationsplattformen. Dort haben alle Anwesenden die Möglichkeit, den Chatbereich zum aktiven Austausch (z. B. um Fragen zu stellen) zu nutzen.	☐
2.	**Chattext.** Ist die Nachricht kurz, verständlich und höflich formuliert? Manchmal kann ein Emoji helfen, den Ton einer Nachricht besser zu transportieren. Es gibt eine Vielzahl fantasievoller Emojis, die die unterschiedlichsten Gefühle ausdrücken. Verwenden sollten Sie aber nur die gängigsten, denn bei allen anderen können Sie sich nicht darauf verlassen, dass sie richtig gedeutet werden.	☐
3.	**Konflikte im Chat.** Ist die Nachricht frei von Kritik? Versuchen Sie nicht, Konflikte im Chat zu lösen. Rufen Sie an oder gehen Sie in den persönlichen Dialog.	☐
4.	**Datenschutz.** Wurden alle Sicherheitseinstellungen vorgenommen?	☐

Posten. Etwas zu »Posten« bedeutet, einen Beitrag (Post), wie z. B. Kommentar, Frage, Antwort, Video oder Foto, in einem sozialen Netzwerk hochzuladen und anderen Nutzenden zugänglich zu machen. Mit einem Post wollen Sie Aufmerksamkeit erreichen. Die Nutzer/-innen sollen Ihre Botschaft nicht nur überfliegen, sondern auch lesen – möglichst bis ans Ende des Textes. Investieren Sie etwas Zeit in die Formulierung und Struktur Ihres Posts.

CHECKLISTE – POSTEN		
Das sollten Sie beim Posten beachten:		
1.	Definieren Sie das Ziel Ihres Posts. Was wollen Sie mit Ihrem Beitrag bewirken?	☐
2.	Stellen Sie das Wichtigste an den Anfang.	☐
3.	Für kurze Posts reicht eine Kernaussage. In längeren Posts sollte in jedem Abschnitt eine Kernaussage stecken.	☐
4.	Bieten Sie Ihrer Zielgruppe überraschende und neue Inhalte.	☐
5.	Wenden Sie die Fragetechnik an: Stellen und beantworten Sie Fragen, die in Ihrer Zielgruppe kursieren oder deren Neugier wecken.	☐
6.	Schreiben Sie in kurzen Sätzen und machen Sie klare Aussagen. Falls Sie Ihre eigene Meinung kundtun, sollten Sie vorher das Thema intensiv recherchieren. Denn nichts ist peinlicher, als falsche Informationen zu verbreiten.	☐

- **Tagging.** Ein »Tag« (englisch für »Etikett«) markiert und kennzeichnet Inhalte, die von Nutzerinnen und Nutzern frei vergeben werden. Beim »Tagging« werden Inhalte mit zusätzlichen Informationen, wie z. B. Schlagwörtern, versehen. Dies sind beispielsweise Texte, Bilder, Audio- oder Videodaten. Das Ziel von »Tagging« ist, Informationen besser auffindbar zu machen oder zu verknüpfen. Mithilfe von »Tags« lassen sich auch Inhalte kategorisieren, was das Suchen und Finden von Informationen leichter macht. In den meisten Social-Media-Anwendungen lassen sich Inhalte taggen und Kategorien zuordnen. Bei der Verschlagwortung in Dokumentenmanagementsystemen wird statt »taggen« eher der Begriff »indexieren« verwendet. Sie können in YouTube beispielsweise Videos mit Tags versehen, damit sie besser gefunden werden. Verwenden Sie aber nicht mehr als fünf bis acht Stichwörter. Außerdem gibt es die Möglichkeit, den Kanal als ganzes mit sogenannten »Kanal-Tags« zu versehen. Das bewirkt, dass den Besuchenden über Ihren Namen gleichzeitig alle Videos von Ihnen angezeigt werden.

- **Liken/Likes.** Durch das Anklicken eines Like-Buttons bringen Sie zum Ausdruck, dass Ihnen etwas gefällt. Über das Bewertungssystem des genutzten Netzwerks geben Sie einiges von Ihrer Persönlichkeit preis, z. B. äußern Sie Ihre Zustimmung zu einer Nachricht, einem Inhalt oder einem Produkt. Mit Likes können Sie den Wert bestimmter Inhalte erhöhen und die Bekanntheit der Verfasser/-innen oder der Produkte steigern. Jeder »Gefällt-mir«-Klick wird von Algorithmen des sozialen Netzwerkes ausgewertet. Forschende haben herausgefunden, dass schon nach wenigen Likes Einschätzungen beispielsweise über die politische Einstellung, Hautfarbe oder persönliche Vorlieben der Nutzerin / des Nutzers möglich sind.
- **Adden.** Das Wort »adden« kommt aus dem Englischen und bedeutet »hinzufügen«. Es wird verwendet, um auszudrücken, dass man jemanden zu seiner Kontaktliste bzw. in einem sozialen Netzwerk, z. B. Facebook, zu seinem Freundeskreis hinzugefügt hat.
- **Sharen.** Das Wort »sharen« kommt aus dem Englischen und bedeutet »teilen«. Diesen Begriff verwenden Nutzerinnen und Nutzer in Social-Media-Netzwerken, wenn sie mit anderen Inhalte teilen.
- **Pinnen.** Das Wort »pinnen« bedeutet etwas befestigen. In sozialen Netzwerken gibt es auf vielen Plattformen Pinnwände, auf denen man selbst sogenannte »Pins« (z. B. Bilder, Texte) anbringt, die von Nutzenden gelikt und kommentiert werden. Weitere wichtige Funktionen im Umgang mit Pinnwänden sind das »Versenden« und das »Liken«.

Nutzen Sie die sozialen Medien bewusst

Soziale Netzwerke sind inspirierend und vernetzen uns mit interessanten Menschen. Wenn Sie aber zu viel genutzt werden, kann es zu negativen Auswirkungen kommen. Die folgenden Tipps helfen Ihnen, bewusst mit sozialen Medien umzugehen:

- Nutzen Sie die sozialen Netzwerke lieber zum direkten und persönlichen Austausch.
- Bewerten Sie sich nicht anhand von Zahlen und Statistiken.
- Glauben Sie nicht alles, was Sie online sehen und informieren Sie sich aus verschiedenen Quellen.
- Akzeptieren Sie nicht, dass Ihre Daten gesammelt werden.
- Messen Sie Ihren Wert nicht an Posts und Likes.
- Folgen Sie nicht jeder Person und misten Sie Ihre Abos aus.
- Schalten Sie alle automatischen Benachrichtigungen aus.
- Setzen Sie sich ein Zeitlimit.
- Machen Sie längere Pausen, z. B. über das Wochenende.

3.4 Wertschätzung in der digitalen Welt

Soziale Netzwerke werden von Unternehmen zunehmend zur direkten Kommunikation mit externen Partnern genutzt. Nach einem professionellen Auftritt ist ein stilvoller Umgang mit den Kommunikationspartnern ein entscheidender Faktor für das Image des Unternehmens. Dazu tragen auch Sie in erheblichem Maße bei. All Ihre Aktivitäten, die Sie sowohl im beruflichen als auch im privaten Kontext im Netz tätigen, sind sichtbar. Deshalb sollten Sie die Stolperfallen kennen und sich eine positive Onlinepräsenz aufbauen. Das Netz vergisst nichts. Ein freundlicher und respektvoller Umgang auf allen Kanälen bildet die Grundlage für die virtuelle Arbeit.

Social-Media-Richtlinien in Unternehmen. Die Social-Media-Richtlinien zeigen den Beschäftigten, wie das Unternehmen im Internet wahrgenommen werden möchte, und geben allen Betroffenen Sicherheit im Umgang mit den digitalen Plattformen. Ein angemessenes Verhalten und eine wertschätzende Kommunikation sind wichtig, sonst ist der gute Ruf gefährdet. Die inhaltliche Gestaltung der Richtlinien hängt sehr stark vom jeweiligen Unternehmen ab und ist auf die Unternehmenswerte und Firmenkultur abgestimmt.

Social-Media-Manager/-innen unterstützen Unternehmen bei der Integration der vernetzten Kommunikation.

ETIKETTE FÜR SOZIALE NETZWERKE	
Wie Sie sich schützen können:	
1.	**Einstellungen zur Wahrung der Privatsphäre und Sicherheit.** Informieren Sie sich über die Wirkmechanismen der von Ihnen genutzten Netzwerke. Nehmen Sie in jedem Netzwerk die technischen Einstellungen zur Wahrung Ihrer Privatsphäre und der Sicherheit vor. Das kostet etwas Zeit, was sich aber lohnt! Geben Sie nicht zu viele private Details von sich preis.
2.	**E-Netzreputation.** Achten Sie darauf, dass niemand im Netz etwas Negatives über Sie behauptet. Richten Sie sich dazu Google Alerts mit Ihrem Vor- und Zunamen ein. Sobald etwas im Netz in Verbindung mit Ihrem Namen veröffentlicht wird, bekommen Sie eine E-Mail mit einem Link zur entsprechenden Quelle. In manchen Fällen ist es gut, sich professionelle Hilfe über eine auf Medienrecht spezialisierte Kanzlei zu holen.
3.	**Facebook.** Denken Sie auch immer daran, wer Ihre Postings lesen kann, um unbeabsichtigte Reaktionen zu vermeiden. Falsche Einstellungen können schnell dazu führen, dass der Arbeitgeber oder zukünftige Arbeitgeber allzu private Informationen finden können. Wenn Sie wissen wollen, was Facebook über Sie weiß, können Sie unter Einstellungen, Allgemein, Option »Lade eine Kopie deiner Facebookdaten herunter« veranlassen, dass Ihnen ein Link zu Ihrem persönlichen Archiv zugeschickt wird.
4.	**Likes.** Finger weg von gekauften Likes. Sie erreichen damit schnell Aufmerksamkeit im Netz, aber die Qualität lässt oft zu wünschen übrig. Da es sich meist um Fake-Likes handelt, verschwinden sie nach einer Weile wieder. Liken Sie auch nicht Ihre eigenen Beiträge. Um die Aufmerksamkeit für eine Post zu erhöhen, können Sie je nach Plattform zu einem späteren Zeitpunkt den Beitrag reposten.

Was Sie im Umgang mit anderen beachten sollten:	
5.	**Kontaktanfragen.** Senden Sie nie eine Kontaktanfrage ohne Nachricht. Wollen Sie sich beruflich oder privat mit anderen Personen vernetzen, dann suchen Sie nach Anknüpfungspunkten und formulieren Sie einen kurzen, persönlichen Nachrichtentext. Verwenden Sie keine automatischen Antwortfunktionen. Erhalten Sie selbst eine Kontaktanfrage, bedanken Sie sich höflich. Ist Ihnen die Person unbekannt, fragen Sie sie nach ihrem Anliegen.
6.	**Berufliche Netzwerke (z. B. Xing und LinkedIn).** Sorgen Sie für einen einheitlichen Auftritt in den beruflichen Netzwerken. Passen sie die Änderungen in allen Netzwerken regelmäßig an.
7.	**Ihre Identität im Netz.** Verwenden Sie professionelle Fotos mit neutralem Hintergrund. Pflegen Sie Ihre Profildaten und die Angaben zu Ihren Kompetenzen. Deaktivieren Sie den Aktivitätsstatus in den jeweiligen Netzwerken. Denken Sie auch daran, dass Ihre geposteten privaten Fotos von Arbeitgebern und Kund/-innen gefunden werden.
8.	**Liken und Posten.** Passen Sie auf, was Sie liken und posten. Es gibt Tools mit künstlicher Intelligenz, die Ihre Persönlichkeit und Ihre Überzeugungen analysieren können.
9.	**Sharen.** Teilen Sie nicht alles – besonders keine belanglosen Inhalte.
10.	**Authentizität.** Aus den Reaktionen Ihrer Gesprächspartner/-innen lässt sich erkennen, ob Sie jemandem vertrauen können.

ETIKETTE FÜR SOZIALE NETZWERKE	
Wie Sie im beruflichen Bereich mit Ihrem Smartphone als Schnittstelle zu Ihren Netzwerken stilvoll umgehen:	
11.	Vereinbaren Sie im Team und mit Ihren Vorgesetzten, wann Sie über das Smartphone erreichbar sind. Denken Sie nicht nur an die Zeit nach Feierabend, sondern verschaffen Sie sich auch Zeitfenster, in denen Sie konzentriert arbeiten können.
12.	Verwenden Sie einen neutralen, unaufdringlichen Klingelton oder stellen Sie das Smartphone der Situation angepasst auf lautlos. Denken Sie auch daran, die Tastentöne und Benachrichtigungssignale auszuschalten.
13.	Führen Sie im öffentlichen Raum keine vertraulichen Gespräche – vor allem nennen Sie keine Namen.
14.	Arbeiten Sie im Team zusammen in einem Raum, sollten Sie das Smartphone grundsätzlich auf lautlos einstellen. Falls Sie die Mitarbeitenden in ihrer Konzentration stören könnten, verlassen Sie den Raum zum Telefonieren.
15.	In Sitzungen und Besprechungen kann ein eingeschaltetes Smartphone störend wirken. Treffen Sie im Team klare Absprachen im Umgang mit dem Smartphone.
16.	Während Geschäftsessen ist das Smartphone abgeschaltet und liegt in der Hand- oder Aktentasche.
17.	Nutzen Sie die Freisprechanlage im Auto mit Bedacht. Es könnte z. B. passieren, dass Personen, die sich in der Nähe Ihres parkenden Autos befinden, jedes Wort verstehen. Seien Sie auch bei mitfahrenden Personen vorsichtig.

3.5 Virtuelle Veranstaltungen

In diesem Kapitel geht es sowohl um die One-to-many- als auch um die Many-to-Many-Kommunikation. Diese lassen sich nicht scharf voneinander trennen. Es kommt auf die Perspektive an. Sind Sie Teilnehmer/-in oder Ausrichter/-in einer Veranstaltung? Treffen Sie als Einzelperson auf ein Team? Oder sind Sie Teil eines Teams, das sich mit einem anderen Team im virtuellen Raum trifft? Deshalb ist es wichtig, dass Sie sich Ihrer Rolle und den damit verbundenen Rechten im virtuellen Raum bewusst sind.

Um virtuelle Veranstaltungen durchführen zu können, benötigen Sie eine passende Software und ausreichende Internetkapazitäten. Wenn Sie nicht wissen, wie schnell Ihr Internet ist, können Sie einen Speedtest machen.

Auf dem Markt gibt es Videokonferenzsysteme (z. B. Webex, Clickmeeting, Zoom, Jitsi Meet und Adobe Connect) und Kommunikations- und Kollaborationsplattformen mit integrierten Videokonferenzapplikationen (z. B. Microsoft Teams, Google Workspace oder Facebook Workplace). Prüfen und testen Sie die Funktionen Ihres Tools wie beispielsweise:

- virtuelle Besprechungen (siehe S. 168)
- virtuelle Veranstaltungen
- virtuelle Team- oder Gruppenräume
- Telefonanrufe
- Chatfunktion
- Bildschirmübertragung,
- Screen-Sharing
- Dateifreigabe
- Stummschaltung aller zugeschalteten Personen
- Warteraum

Virtuelle Veranstaltungsarten

- **Messen und Kongresse in virtuellen Räumen.** Während der Veranstaltung gibt es Videokonferenzen mit Expert/-innen und Diskussionen im Livestream. Über Chatfunktionen haben die Teilnehmenden die Möglichkeit, sich an den Aktivitäten zu beteiligen. Die Veranstaltungen werden in einem zwei- oder dreidimensionalen Raum simuliert. Dort verschaffen sich die Besucher/-innen aus der Vogelperspektive eine Übersicht über alle Messestände. Wenn Sie sich an einem Stand eingehender informieren wollen, reicht ein Klick auf eines der präsentierten Angebote. Das sind beispielsweise PDFs mit Informationsmaterial zum Herunterladen, Videos oder Podcasts. Über die Chatfunktionen kann man mit dem Unternehmen Kontakt aufnehmen.

- **Hybride Veranstaltungen.** Das sind Veranstaltungen, bei denen ein Teil der Teilnehmenden in einem Raum sitzt und mit den virtuell dazu geschalteten Teilnehmerinnen und Teilnehmern in Interaktion treten. Die Investition in eine professionelle Kamera, die drehbar ist, den Blickwinkel anpasst und die sprechende Person heranzoomen kann, lohnt sich.
- **Webinare.** Es sind virtuelle Räume, in denen Schulungen, Lehrgänge oder Weiterbildungen stattfinden. Das hat den großen Vorteil, dass alle Beteiligten ortsunabhängig an einem vereinbarten Termin an der Veranstaltung teilnehmen können. Lange Reisezeiten, Hotelaufenthalte und zeitraubende organisatorische Maßnahmen fallen weg.
- **Webcast.** Es ist eine live oder als Aufzeichnung abrufbare Sendung im Internet. Webcasts werden zur Information über Unternehmen und Produkte, für Veranstaltungen (z. B. Konzerte, Messen), Webinare oder Videonachrichten erstellt. Virtuelle Veranstaltungen werden in der Regel live aufgezeichnet. Die teilnehmenden Personen können im Nachgang über den zugesandten Link jederzeit auf die Aufzeichnung zugreifen.

Rollen in virtuellen Veranstaltungen

- **Moderation.** Die Person verfügt über umfassende Berechtigungen und ist in der Regel diejenige, die die Veranstaltung geplant hat und einlädt. Sie
  - führt durch die Veranstaltung.
  - informiert zu Beginn der Veranstaltung die teilnehmenden Personen über das Programm und Besonderheiten.

- erläutert die Regeln (z. B. Pausen, Wortmeldungen, Technik), die während der Veranstaltung gelten.
- organisiert die Wortmeldungen und Redebeiträge.
- schreitet ein, wenn die Gruppe den roten Faden verliert.
- sorgt bei längeren Veranstaltungen für angemessene Pausen (spätestens nach 90 Minuten eine Pause von mindestens 5 Minuten einplanen).
- teilt mit den Teilnehmenden Unterlagen.
- achtet darauf, dass niemand in der Veranstaltung untergeht.
- fasst die wichtigsten Aussagen und Ergebnisse zusammen.
- beschreibt das weitere Vorgehen am Ende der Veranstaltung und verschickt evtl. das Protokoll und weitere Unterlagen an alle, die teilgenommen haben.
- beendet die Veranstaltung.

– **Co-Moderation.** Eine Co-Moderation unterstützt die Moderation in der Regel in den administrativen Aufgaben, z. B. die Verwaltung der Warteschlange, Personen aus dem Warteraum holen bzw. in den Warteraum schicken oder die Beobachtung und Auswertung des Chats.

– **Technische Assistenz.** Vertrauen Sie nicht darauf, dass alles gut läuft. Gerade in größeren Veranstaltungen sollten Sie als Moderator/-in nicht noch die technische Betreuung übernehmen. Die technische Assistenz erklärt und testet zu Beginn der Veranstaltung mit den Teilnehmerinnen und Teilnehmern die Programmfunktionen und steht Ihnen während der Durchführung zur Seite, falls etwas nicht funktioniert.

– **Protokollant/-in.** In einem Online-Meeting sollte der Moderator / die Moderatorin nicht gleichzeitig das Protokoll anfertigen. Bestimmen Sie eine weitere Person, die während des Meetings das Protokoll live erstellt. Achten Sie bei Ihrer Auswahl darauf, dass es keine Person ist, die inhaltlich etwas zur Veranstaltung beiträgt.

– **Zeitwächter/-in.** Gerade in Meetings und Veranstaltungen, in denen diskutiert und interagiert wird, sollte ein Zeitwächter /

eine Zeitwächterin bestimmt werden. Günstig ist es, wenn die Rolle von einer Person übernommen wird, die für die organisatorischen Aufgaben zuständig ist.

- **Teilnehmende Personen.** Interaktionen mit den teilnehmenden Personen haben eine belebende Wirkung und tragen zum Erfolg der Veranstaltung bei. Nicht jede Software verfügt über alle Funktionen, wie z. B. Umfragen durchführen, Chatnachrichten schreiben, Emoji-Reaktionen posten, gemeinsames Arbeiten in Echtzeit am Whiteboard, Desktop-Sharing.

Virtuelle Veranstaltungen vorbereiten, durchführen und nachbereiten

Vorbereitung

- Was ist das Ziel der Veranstaltung?
- Welche Inhalte sollen behandelt werden?
- Wann soll die virtuelle Veranstaltung stattfinden und wie lange soll sie dauern (Termin, Beginn, Ende)?
- Welche Teilnehmerzahl ist angemessen?
- Wie erfahren die Teilnehmerinnen und Teilnehmer von der Veranstaltung (E-Mail, Messengerdienste, Webseite, Social-Media-Kanäle)? Üblich sind auch Erinnerungsmails eine Woche, einen Tag und eine Stunde vor der Veranstaltung.
- Wie werden die Teilnehmenden eingeladen (z. B. durch Versenden einer Nachricht per E-Mail oder über einen Messengerdienst mit einem Link zur zeitlich terminierten Videokonferenz)?
- Erstellen Sie eine Agenda. Diese können Sie vor der Veranstaltung posten oder einen Link zum Dokument verschicken.
- Versenden Sie bei Veranstaltungen, in denen Beschlüsse gefasst werden müssen, immer personalisierte Zugangsberechtigungen. Sie stellen dadurch sicher, dass nur die stimm-

berechtigten Personen an den Abstimmungen teilnehmen können.

- Versenden Sie eine sorgfältig erstellte Einladung mit Einladungslink mit personalisierten Zugangsberechtigungen und einer kurzen Anleitung mit den wichtigsten Funktionen des Onlineraums.
- Welche Personen (z. B. Fachleute, Referentinnen und Referenten) werden dazu geschaltet?
- Wer moderiert und wer übernimmt die technische Assistenz?
- Welche gesetzlichen Vorschriften (z. B. DSGVO) und evtl. unternehmensinterne Veranstaltungsrichtlinien sind zu beachten?
- Werden Teilnahmegebühren verlangt?
- Wie werden die Namen der Teilnehmerinnen und Teilnehmer sichtbar (z. B. übergroße Namensschilder)?
- Welche Unterlagen erhalten Sie vor und nach der virtuellen Veranstaltung? Vor der Veranstaltung sind es beispielsweise Auszüge aus den Vorträgen, die geplant sind. Nach der Veranstaltung sind digitale Giveaways sehr beliebt, z. B. ein Link zu den Vorträgen, die nach der Veranstaltung für eine gewisse Zeit zur Verfügung stehen.

Durchführung

- **Technische Assistenz.** Stellen Sie vor dem Start sicher, dass die Technik funktioniert und die vortragende Personen einwandfrei mit dem Programm umgehen können. Bei größeren Veranstaltungen führen Sie vorher unbedingt eine Generalprobe durch. Vor Beginn der Veranstaltung sollten die Teilnehmerinnen und Teilnehmer kurz in die wichtigsten Programmfunktionen eingeführt werden. Legen Sie fest, ob und wann Sie die Audio-, Video- und Chatfunktion für alle freigegeben möchten.
- **Vor dem Start.** Betreten Sie den virtuellen Raum frühzeitig. Bei kleineren Veranstaltungen reichen fünf bis zehn Minuten.

Bei einer größeren Teilnehmerzahl planen Sie für einen reibungslosen Ablauf mindestens eine halbe Stunde ein. Schalten Sie alle Pop-up-Benachrichtigungen auf dem Desktop aus. Platzieren Sie Teilnehmerinnen und Teilnehmer während Ihrer Vorbereitungen im Wartebereich. Unterhalten Sie Ihr Publikum während dieser Zeit mit einer Kioskpräsentation über Ihr Unternehmen und das Veranstaltungsprogramm. Oder bauen Sie spielerische Elemente (sog. Gamification) ein, die die Zugeschalteten motivieren, die Wissensaufnahme fördern und das Netzwerken intensivieren. Falls Sie während der Veranstaltung Dateien freigeben wollen, laden Sie diese vorher hoch.

- **Webinar.** Ist Ihre Veranstaltung ein Webinar, dann verwenden Sie die Galerieansicht. Es ist am Anfang etwas gewöhnungsbedürftig, aber Sie haben alle Zugeschalteten im Blick und können sehen, wer sich zu Wort meldet. Webinare sollten nicht länger als 60 Minuten dauern. Die reine Präsentationszeit ungefähr 30 Minuten und ungefähr 20 Minuten für die Beantwortung der Fragen aus dem Chat oder durch Handzeichen.
- **Begrüßung.** Zur Begrüßung stellt der Moderator / die Moderatorin sich selbst vor, gibt Anweisungen zum Ablauf und Programm. Er/Sie erklärt die Spielregeln, mit denen sich die Beteiligten einverstanden erklären. Anschließend informiert die technische Assistenz die Teilnehmerinnen und Teilnehmer über die Funktionen des Programms. Die Referenten und Referentinnen stellen sich mit Namen und Funktion selbst vor oder werden vorgestellt.
- **Ansprache.** Sprechen Sie Ihr Gegenüber mit Namen an, sodass alle wissen, wer gemeint ist. Sobald eine Person über die Wortmeldungsfunktion ihren Redebeitrag signalisiert, wird ihr Name eingeblendet und Sie können sie persönlich ansprechen.
- **Redebeiträge der Teilnehmenden.** Sehr störend ist es, wenn Zugeschaltete einfach unterbrechen. Bitten Sie die Teilnehmerinnen und Teilnehmer zu Beginn der Veranstaltung, den

Button »Handzeichen« zu benutzen, wenn sie Redebedarf haben.

- **Zuschaltung von Vortragenden und Fachleuten.** Wenn sinnvoll, platzieren Sie die Personen im virtuellen Warteraum so lange, bis die Tagesordnungspunkte an der Reihe sind.
- **Pausen.** Bei längeren Veranstaltungen sind ausreichend Pausen (z. B. eine virtuelle Kaffeebar) einzuplanen.
- **Ende der Veranstaltung.** Beenden Sie die Veranstaltung mit einer Abschlussdiskussion. So erhalten Sie einen guten Überblick, ob alles verstanden wurde.
- **Teilnehmerfeedback einholen.** Über eine Onlinebefragung erhalten Sie wertvolle Hinweise, wie zufrieden die teilnehmenden Personen mit der Veranstaltung waren.

Nachbereitung

- Bedanken Sie sich bei allen Vortragenden und Beteiligten. Erwähnen Sie die Pünktlichkeit, den reibungslosen Ablauf in der technischen Umsetzung oder besonders gewinnbringende Beiträge.
- Bei Webinaren ist es üblich, den Teilnehmenden nach der Veranstaltung eine Aufzeichnung des Webinars zur Verfügung zu stellen. Holen Sie vorher die Einwilligung aller Beteiligten ein. Eine heimliche Aufzeichnung verstößt gegen die Datenschutzbestimmungen und kann sogar strafrechtliche Konsequenzen haben.

Interaktive Elemente in Videokonferenzen

In virtuellen Veranstaltungen können interaktive Elemente eingesetzt werden, die die Zusammenarbeit der teilnehmenden Personen untereinander fördern. Testen Sie vor der Veranstaltung die Funktionen, z. B.

- **Gemeinsam Dateien bearbeiten.** Auf Kommunikations- und Kollaborationsplattformen (z. B. Microsoft Teams, Google

Workspace, Facebook Workplace) ist die gemeinsame Bearbeitung von Dokumenten in Echtzeit und zeitversetzt (z. B. Tabellen, Präsentationen, Textdateien) möglich. Dazu wird ein hochgeladenes Dokument für eine oder mehrere Personen freigegeben. Die vorgenommenen Änderungen werden mit Namen, Datum und Uhrzeit im Dokument angezeigt. Über die Chatfunktion können in Echtzeit Fragen gestellt werden.

- **Gemeinsam das Whiteboard benutzen.** Das Whiteboard ist eine virtuelle digitale Tafel, auf der Sie selbst Inhalte präsentieren oder mit anderen Personen gemeinsam an einem Inhalt (z. B. Brainstorming, Abfrage) arbeiten können. Über einen digitalen Stift – in unterschiedlichen Farben und Stärken – lassen sich Zeichnungen erstellen, was allerdings etwas Übung bedarf. Über die Textfeldfunktion können Sie Texte eingeben und auf dem Board anordnen. Fertige Whiteboards lassen sich exportieren.
- **Bildschirm teilen.** Falls Ihr genutztes Programm eine Screensharingfunktion hat, können Sie Ihren Bildschirm für andere Personen sichtbar machen. Diese Funktion eignet sich beispielsweise, um eine Bildschirmpräsentation zu zeigen, Programmfunktionen zu erklären, ein Brainstorming gemeinsam durchzuführen oder um am Ende eines Meetings das Protokoll gemeinsam zu bearbeiten. Wenn Sie im Homeoffice Ihren privaten Rechner benutzen, sollten Sie, bevor Sie Ihren Bildschirm teilen, die privaten Inhalte auf dem Desktop entfernen.
- **In virtuellen Gruppenräumen arbeiten.** In einer virtuellen Veranstaltung können eine oder mehrere Gruppen sich in sogenannte Breakout-Räume für Diskussionen oder Gruppenarbeiten zurückziehen. Dies sind beispielsweise Murmelgruppen, Arbeitsgruppen, Netzwerke, Expertengruppen oder informelle Treffen. Es ist die Aufgabe der Moderation, die Teilnehmenden auf die Gruppenarbeit vorzubereiten und auf die virtuellen Räume zu verteilen. Dazu zählt ein eindeutiger Arbeitsauftrag und die Info, wie viel Zeit zur Verfügung steht.

In den Breakout-Räumen können Dokumente erstellt, geteilt und gemeinsam bearbeitet werden. Nach der Breakout-Phase treffen sich alle wieder im virtuellen Plenum und stellen beispielsweise Ihre Arbeitsergebnisse vor.

- **Umfragen und Abstimmungen.** Mit Umfrage- und Abstimmungsfunktionen können Sie Ihre Vorträge in virtuellen Veranstaltungen interessanter gestalten und so die Aufmerksamkeit der Zuhörenden steigern. Die Bedienung und Erstellung der Umfragen sind einfach. Die Abfrage erfolgt anonym. Nach der Bearbeitungszeit werden die Ergebnisse in Echtzeit ausgewertet und als Diagramm angezeigt. So können alle aktiv an den Themen und Ergebnissen mitwirken. Falls auf Ihrer genutzten Plattform diese Funktionen fehlen, können Sie Tools wie z. B. Slido, Mentimeter, Kahoot unter Beachtung der Datenschutzrichtlinien einsetzen.
- **Chat.** In einfachen **Textchats** können die Teilnehmenden während einer Präsentation oder Diskussion Fragen stellen oder Anregungen einbringen. In manchen Tools für Veranstaltungen ist es möglich, dass die Beteiligten individuelle Profile (z. B. Name, Profilbild, Berufsbezeichnung) über sich erstellen, um mit anderen direkt in Kontakt zu treten. **Live-Chats** finden in separaten virtuellen Räumen statt. Dort können die Anwesenden Themen vertiefen oder sich mit den Referierenden und anderen Teilnehmenden austauschen. Um ein schnelles Stimmungsbild einzuholen, können Sie die Zugeschalteten bitten, eine kurze Anmerkung in den Chat zu schreiben. Diese Form des Chats wird auch Chat-Wasserfall genannt.

Hilfreiche Plattformen und Tools, um virtuelle Veranstaltungen zu planen und durchzuführen, sind z. B. mockupmesse.de, crayon.com, wonder.me, sophya.ai, remo.co.

One-to-many- und Many-to-many-Kommunikation

Mögliche Rollen

- Protokollant/-in
- Technische Assistenz
- Moderation
- Co-Moderation
- Teilnehmer/-innen
- Zeitwächter/-in

Vorbereitung

- Ziel und Inhalte
- Beginn und Ende
- Agenda/Programm
- Einladung
- DSGVO
- Unterlagen

Durchführung

Pausen einplanen

angenehme Atmosphäre

Begrüßung

Moderation und Co-Moderation führen durch die Veranstaltung

- ← **Technische Assistenz**
  - Freigabe der Audio-, Video- und Chatfunktionen
- → **Referenten/Referentinnen**
  - Zuschaltung aus dem virtuellen Warteraum

Zusammenarbeit im virtuellen Raum

- ← Gemeinsam Dateien bearbeiten
- ← Gemeinsam am Whiteboard arbeiten
- ← Bildschirm teilen
- → In virtuellen Gruppenräumen zusammenarbeiten
- → Umfragen und Abstimmungen live durchführen
- → Textchat und/oder Live-Chat

Ende der Veranstaltung

- ← **Abschlussdiskussion**
- → **Teilnehmerfeedback**

Nachbereitung

- ← **Dank an die teilnehmenden Personen und Referenten/Referentinnen**
- → **Aufzeichnung der Veranstaltung (Webinar) oder Teile zur Verfügung stellen**

ETIKETTE FÜR ONE-TO-MANY-VIDEOKONFERENZEN	
Als teilnehmende Person:	
1.	**Termin kann nicht wahrgenommen werden.** Sagen Sie rechtzeitig ab, wenn Sie an der Veranstaltung nicht teilnehmen können. Senden Sie per E-Mail eine kurze Nachricht oder telefonieren Sie, das ist das Mindeste, was Sie an Wertschätzung geben sollten.
2.	**Pünktlichkeit.** Da die Technik bzw. die Internetverbindung Probleme bereiten könnte, sollten Sie den Einladungslink etwa fünf Minuten vor der Veranstaltung aktivieren.
3.	**Spielregeln.** Halten Sie die gemeinsam vereinbarten Spielregeln ein, z. B. das Mikrofon während eines Vortrags oder Redebeitrags stummschalten, keine spontanen Einwürfe.
4.	**Essen und Trinken.** Essen und trinken Sie nicht während der Veranstaltung. Dafür gibt es die Pausen.
5.	**Ablenkung während der Veranstaltung.** Erledigen Sie während der Onlineveranstaltung keine privaten Dinge (z. B. E-Mails checken, im Internet surfen).
6.	**Ironie im Chat.** Ironische Beiträge werden im Chat nur verstanden, wenn man sie als solche kennzeichnet. Besser man verzichtet darauf.
7.	**Kritik im Chat.** Nutzen Sie die Chatfunktion nicht, um Ihrem Frust Luft zu machen oder in einem unangemessenem Ton Kritik vorzubringen.
8.	**Keine flapsigen Formulierungen.** Im beruflichen Kontext sind klare und verständliche Chatbeiträge zu formulieren.
9.	**Redebeitrag signalisieren.** Lassen Sie die sprechende Person ausreden. Verwenden Sie die entsprechende Funktion des genutzten Tools (z. B. Handzeichen), um Ihren Redebeitrag zu signalisieren. Halten Sie sich bei Ihren Ausführungen so kurz wie möglich und so ausführlich wie nötig.
10.	**Verabschiedung.** Steht während der Veranstaltung ein Chat zur Verfügung, können Sie sich gerne mit einem kleinen konstruktiven Feedback oder Dank verabschieden.

Als Moderator/-in:	
1.	**Teilnahmeliste und Programmablauf.** Bereiten Sie sich eine Teilnahmeliste und den Programmablauf z. B. in einem digitalen Notizbuch vor, sodass Sie sich während der Veranstaltung Notizen machen können.
2.	**Passive und stille Teilnehmende.** Gestalten Sie die Interaktionen mit den zugeschalteten Personen aktiv und achten Sie darauf, dass Sie auch stillere Teilnehmende mitnehmen.
3.	**Keine unnötigen Wartezeiten.** Muten Sie den Anwesenden keine unnötigen Wartezeiten zu. Machen Sie sich vorher unbedingt mit allen benötigten Programmfunktionen vertraut und testen Sie die Funktionen vorab. Ein souveräner Umgang mit Tools stärkt Ihre digitale Präsenz.
4.	**Zentrale Stummschaltung (Mute-Funktion).** Informieren Sie die Anwesenden, bevor Sie alle stumm schalten. Weisen Sie die Beteiligten darauf hin, dass störende Hintergrundgeräusche und individuelle Äußerungen im öffentlichen digitalen Raum ankommen könnten, wenn eigenhändig das Mikrofon aktiviert wird. Was bei unpassenden Beiträgen durchaus auch zu peinlichen Situationen führen könnte.
5.	**Abstimmungen.** Stehen geheime Abstimmungen an, informieren Sie alle Teilnehmenden über das Vorgehen. Das schafft Vertrauen.
6.	**Redeliste.** Führen Sie eine Redeliste, damit keine Redebeiträge verloren gehen. In einigen Tools können sich die Teilnehmenden selbst in eine Redeliste eintragen. Ist das nicht möglich, übernimmt diese Aufgabe die Co-Moderation.

3.6 Onlinepräsentationen

Durch die weite Verbreitung von Webinaren sind Onlinepräsentationen ein wichtiger Bestandteil der beruflichen Kommunikation geworden. Sie werden eingesetzt, um Wissen zu vermitteln, über Produkte und Dienstleistungen zu informieren oder einfach nur um mit bestimmten Zielgruppen in Kontakt zu kommen. Die Auswirkungen einer guten oder schlechten Präsentation dürfen dabei nicht unterschätzt werden.

Unterschiede zu einer konventionellen Präsentation:

PERSÖNLICHE PRÄSENTATION	ONLINEPRÄSENTATION
• Die vortragende Person und die Zuhörerschaft sind in einem realen Veranstaltungsraum anwesend.	• Die vortragende Person sitzt vor ihrem Bildschirm und teilt die Präsentation über Sreensharing mit den Zugeschalteten.
• Das Publikum kann durch Blickkontakt und Körpersprache intuitiv eingeschätzt werden.	• Die teilnehmenden Personen sind unsichtbar und schwierig einzuschätzen.
• Während der Präsentation werden die konventionellen Präsentationsmedien wie Beamer, Flipchart und Moderationstafeln eingesetzt.	• Bei einer virtuellen Präsentation wird neben dem Screensharing das digitale Whiteboard genutzt.
• Spontane Fragen aus dem Publikum werden sofort wahrgenommen und können direkt beantwortet werden.	• Die teilnehmenden Personen heben die Hand, um eine Frage zu stellen oder schreiben ihr Problem in den Chat. Das Chatfenster muss beobachtet werden.
• Persönliche Präsentationen sind flüchtig.	• Onlinepräsentationen können aufgezeichnet und immer wieder verwendet, verschickt oder veröffentlicht werden.

Vorüberlegungen

Virtuelle Präsentationen müssen sehr sorgfältig vorbereitet werden. Neben den technischen Herausforderungen und Abläufen (siehe S. 142) ist die inhaltliche Vorbereitung ein wesentlicher Erfolgsfaktor.

Stellen Sie sich folgende Fragen, um die geeigneten Inhalte Ihres Präsentationsthemas festzulegen:

Was ist das Ziel der Präsentation?	Formulieren Sie das Ziel Ihrer Präsentation möglichst in einem Satz. Die folgenden Fragen helfen Ihnen dabei: • Was ist der Anlass? • Was soll erreicht werden? • Was sollen die Zuhörenden am Ende wissen oder tun? **Beispiele:** • »Ziel meiner Präsentation ist es, die Beschäftigten zu motivieren, ihren Briefstil zu verbessern.« • »Ziel meiner Präsentation ist es, die Assistenz für die Erstellung eines Officehandbuchs zu gewinnen.« • »Ziel meiner Präsentation ist es, mindestens zehn Personen der Zuhörerschaft für den Ausbildungsberuf ›Kaufleute für Büromanagement‹ zu gewinnen.«
Welche Grundaussagen soll die Zuhörerschaft mitnehmen?	Ermitteln Sie die wesentlichen Grundaussagen, die Sie der Hörerschaft mitteilen möchten, durch folgende Fragen: • Inwieweit sind die Inhalte für das Publikum relevant? • Ist der Inhalt meiner Präsentation nachvollziehbar? • Sind meine Argumente überzeugend? • Weckt meine Botschaft das Interesse der Zuhörerschaft? • Bietet meine Botschaft etwas Neues? • Kann meine Botschaft Emotionen bei der Zuhörerschaft auslösen? **Beispiele:** • Kurz und prägnant formulierte Briefe und E-Mails werden besser verstanden. • Klare Aussagen verhindern Missverständnisse! • Nachrichten ohne Floskeln wirken! • Im Arbeitsalltag ist ein Officehandbuch eine große Hilfe.

	• Der höhere Arbeitsaufwand zu Beginn amortisiert sich schnell. • Abwesenheiten sind kein Problem mehr. • Der Ausbildungsberuf »Kaufleute für Büromanagement« ist interessant und abwechslungsreich. • Nach der Ausbildung ergeben sich weitere Entwicklungs- und Aufstiegsmöglichkeiten.
Welche Erwartungen hat das Publikum?	Versetzen Sie sich in die Lage der Zuhörerschaft. Fragen Sie sich, was Sie anstelle Ihrer Hörerschaft von Ihrem Vortrag erwarten würden. Was würde Sie auf jeden Fall interessieren? **Beispiele:** • Als teilnehmende Person wünsche ich mir gut umsetzbare Anregungen zum besseren Briefstil. • Beim Start des Projekts Officehandbuch wünsche ich mir als Teammitglied eine ausführliche Präsentation. Bei den regelmäßigen Treffen erwarte ich nur noch Informationen zum Fortschritt des Projekts. • Ich wünsche mir einen attraktiven Beruf, der meinen Fähigkeiten entspricht und der mir die Möglichkeit bietet, mich weiterzuentwickeln.

Planung

Klären Sie die Rahmenbedingungen wie z. B. Anlass, geeignete Tools, Zielgruppe, evtl. Unterstützung durch Co-Moderation und Technik. Gehen Sie von Anfang an auf die Bedürfnisse des Publikums ein. Geben Sie der Hörerschaft zu Beginn einen kurzen Überblick, worum es in Ihrer Präsentation geht. Verzichten Sie auf umfangreiche Details und kommen Sie schnell zum Thema. Orientieren Sie sich dabei am Ziel und an der Kernbotschaft Ihrer Präsentation sowie den Erwartungen der Zuhörer/-innen.

Analysieren Sie Ihre Zielgruppe:

- Wer sind die Zugeschalteten (Alter, Persönlichkeit)?
- Warum haben sie sich zu Ihrem Vortrag angemeldet?

- Welchen Nutzen können sie mitnehmen?
- Zu welcher Handlung wollen Sie sie bewegen?
- Welche Erfahrungen bringen sie mit?

Sammeln Sie Informationen zu Ihrem Thema:

- Erstellen Sie eine Stoffsammlung allein und im Team. Nutzen Sie dazu Methoden wie z. B. Mindmapping oder Brainstorming.
- Tragen Sie die recherchierten Informationen zusammen.
- Treffen Sie eine Auswahl unter Berücksichtigung des Präsentationsziels und der Zielgruppe.
- Bringen Sie die Inhalte in eine logische Reihenfolge und achten Sie dabei auf den roten Faden.
- Bereiten Sie das ausgewählte Material möglichst dramaturgisch auf, damit ein Spannungsbogen entsteht.

Gestalten Sie Ihre Präsentation lebendig, spannend und überzeugend:

- Sprechen Sie die Zugeschalteten direkt an.
- Reden Sie möglichst frei und lesen Sie nicht stur vom Manuskript ab.
- Verwenden Sie eine lebendige Sprache: Formulieren Sie Ihre Sätze im Präsenz kurz und verständlich. Treffen Sie klare Aussagen. Lösen Sie Substantivierungen in Verben auf. Erklären Sie Fach- und Fremdwörter. Packen Sie Ihre Präsentation oder Teile davon in eine Geschichte – Menschen lieben Storys.
- Setzen Sie rhetorische Techniken ein, um Spannung zu erzeugen, wie z. B. Vergleiche, Identifikation erzeugen, den Ausgang einer Geschichte nicht sofort verraten.
- Benutzen Sie keine sprachlichen Weichmacher wie »eigentlich« oder »einfach«, mit denen Sie Ihre Aussagen einschränken.
- Halten Sie Ihre Präsentation möglichst im Stehen. Dadurch klingt Ihre Stimme kräftiger.
- Sprechen Sie etwas langsamer als bei herkömmlichen Präsentationen. Achten Sie auf eine deutliche Sprechweise, die in der Lautstärke angemessen ist. Legen Sie Wert auf die richtige Betonung.
- Machen Sie an geeigneten Stellen kleine Sprechpausen.

Nutzen Sie Methoden zur Interaktion:

- Austausch im Chat
- Brainstorming am Whiteboard
- Mikrofonfreigabe
- Umfragetool
- Abstimmungstool
- Virtuelle Gruppenräume

Der Aufbau Ihrer Präsentation

Einleitung (ca. 15 %)	• kurze Begrüßung mit Vorstellung der vortragenden Person und Rollenklärung • kurze Agenda
Hauptteil (ca. 75 %)	• Informationen stark visualisieren und logisch aneinanderreihen • Argumente aufeinander aufbauen und nachvollziehbar darstellen • Aussagen begründen und belegen, Gegenargumente entkräften • roten Faden erkennbar werden lassen • die Zuhörer/-innen aktiv einbinden • Fazit ziehen
Ausstieg (ca. 10 %)	• Zusammenfassung der wichtigsten Aussagen • Fragerunde

Foliengestaltung

Ein gut gestaltetes Design unterstützt die Kernbotschaft einer Bildschirmpräsentation und vermittelt dem Publikum einen professionellen Eindruck. In Unternehmen sind die Gestaltungsrichtlinien im sogenannten Corporate Design – das Teil der Corporate Identity ist – festgeschrieben.

Sind keine Vorgaben zu beachten, geben die folgenden Gestaltungsregeln eine Orientierung:

Eine Aussage auf eine Folie. Da bei Onlinepräsentationen die physische Abwesenheit der präsentierenden Person fehlt, müssen die Folien noch lebendiger gestaltet sein als bei konventionellen Präsentationen. Grundsätzlich gilt: Eine Aussage auf eine Folie – nicht mehr! Was Sie sonst auf einer Folie zeigen, visualisieren Sie über Fotos, Grafiken, Piktogramme oder kurze Videosequenzen und gekonnte Animationen.

Beispiel:

Verständlich formulieren **Sprechtext**

- Warum schreibe ich, was will ich erreichen?
- Wie lautet die Kernaussage meines Schreibens?
- An wen richtet sich meine Nachricht, in welchem Verhältnis stehe ich zur Person?
- Was ist für ihn/sie wichtig?
- Wie wird er/sie auf meine Nachricht reagieren?

?

Kernaussage

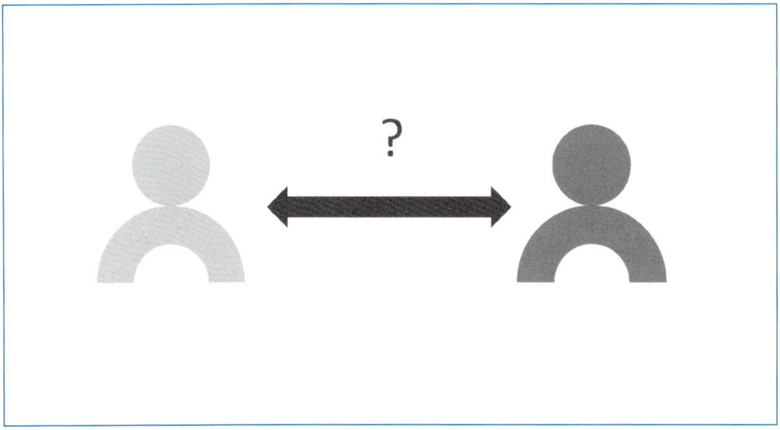
?

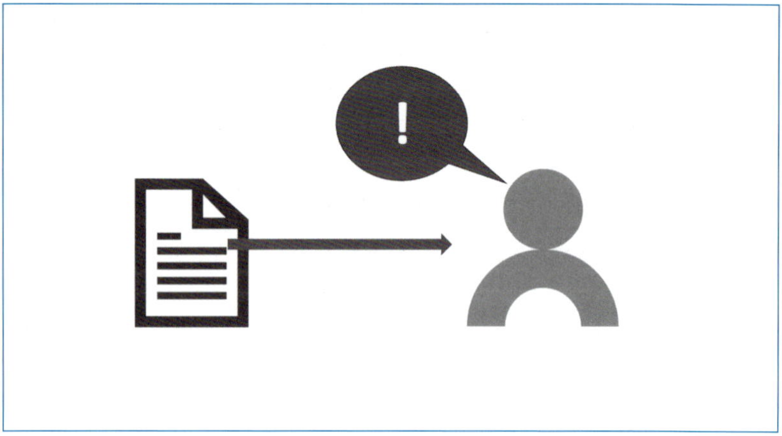

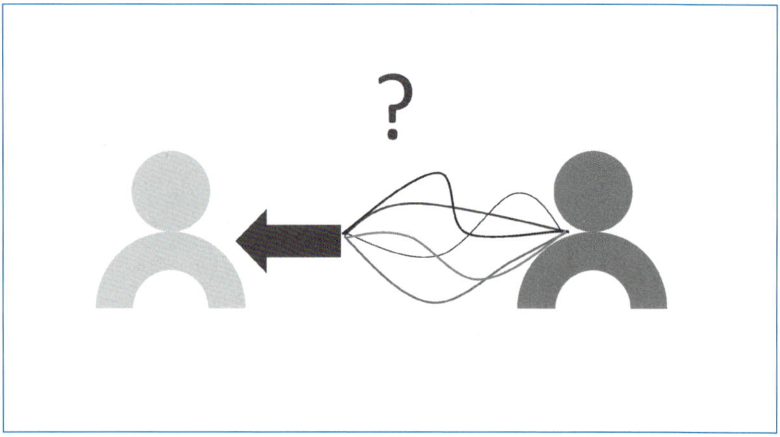

Textgestaltung. Verwenden Sie so wenig Text wie möglich. Geeignet sind serifenlose Schriften wie beispielsweise Calibri und Arial. Verwenden Sie die Schriftart durchgängig. In Onlinepräsentationen sollten Sie keine Aufzählungen einsetzen.

Folienhintergrund. Störende grafische Hintergrundelemente wie z.B. Wasserzeichen oder Negativdarstellung (helle Schrift auf dunklem Hintergrund) sollten vermieden werden. Achten Sie grundsätzlich auf helle Hintergrundfarben mit dunklen Schriften.

Farben. Farben können Bedeutungsträger sein (z.B. Rot für Blut, Liebe oder Gefahr; Grün für Natur oder Umweltfreundlichkeit, Parteifarben). Sie sollten deshalb für Schriften und Hintergründe mit Bedacht eingesetzt werden. Die passende Farbe unterstreicht die Aussage, falscher Farbeinsatz lenkt von der Aussage ab. Selbst gewählte oder durch das Corporate Design festgelegte Farben oder Farbwerte und Farbschemata sollten konsequent beibehalten werden. Inhaltlich verwandte Themen folgen einem einheitlichen Farbschema.

Bilder und Grafiken. Bilder und Grafiken sollten Informationen und Sachverhalte passend zum Thema visualisieren. Sie können bei den Betrachtenden Emotionen auslösen oder Denkanstöße geben. Sie unterstützen Ihre mündlichen Aussagen und Erörterungen. Verwenden Sie nur hochwertige Fotos mit starker Wirkung. Bilder, die beispielsweise die beabsichtigte Aussage widerspiegeln, werden vom Publikum auf den ersten Blick verstanden. Beachten Sie das Copyright.

Anordnung der dargestellten Elemente. Ordnen Sie die dargestellten Elemente nach der Wichtigkeit der Information an. Bei der Anordnung achten Sie auf die Sehgewohnheiten des Publikums, sonst können die Aussagen vom Publikum nicht oder nur eingeschränkt wahrgenommen werden. In vielen Präsentationsprogrammen gibt es Layout-Raster. Dadurch wird festgelegt, in welchem Bereich einer Folie Texte, Grafiken, Bilder u. Ä. stehen. Verwenden Sie ausgewählte Raster als Grundlage und passen Sie diese individuell an.

Animationen. Unterstützen Sie die Wirkung der Elemente auf Ihrer Folie nur mit passenden Animationen. Auf Folienübergänge innerhalb der Präsentation sollten Sie verzichten. Bei selbstablaufenden Onlinepräsentationen müssen die Folien selbsterklärend sein. Die Abfolge von Zeit, Animation und Pause ist gut aufeinander abzustimmen. Die gezeigten Folien müssen sich selbst erklären.

Handout

Das Handout enthält alle Angaben (z.B. Name des Unternehmens, Name der/des Vortragenden, Ort und Zeit) sowie zusätzliche Informationen (z.B. Tabellen, komplexe Darstellungen) zum Thema. Die abgebildeten Folien werden nummeriert und sind ausreichend erläutert. Die auf der Folie präsentierten Informationen müssen gut erkennbar sein. Sie können im Handout weitere Inhalte ergänzen, die in der Präsentation nicht gezeigt wurden, aber zum besseren Verständnis beitragen.

Im Gegensatz zu den Folien, die in der Onlinepräsentation verwendet werden, kann das Handout weiterführende Informationen, Quellenangaben oder Literaturlisten enthalten. Die Reihenfolge der Folien und das Layout sollten in den Teilnehmerunterlagen mit der Präsentation übereinstimmen.

Sie können das Handout gleich nach der Onlinepräsentation mit Angabe des Links im Chat zum Herunterladen anbieten. Oder Sie bedanken sich am nächsten Tag bei Ihrem Publikum per E-Mail, verknüpft mit einer Zufriedenheitsumfrage.

Arten des Handouts

Folienhandout	Das ist die einfachste Form des Handouts. Es enthält lediglich die Abbildung der in der Präsentation gezeigten Folien in nummerierter Reihenfolge. Außerdem ist ausreichend Platz für Notizen vorgesehen. In Onlinepräsentationen kommt diese Art des Handouts weniger zum Einsatz, es sei denn, die teilnehmenden Personen bekommen die Unterlagen vor der Präsentation.
Dokumentationshandout	Es ist eine umfangreiche Dokumentation zum präsentierten Thema. Die Präsentationsfolien sind als Bilder in den Text eingebettet oder als Anhang beigefügt. Das Dokumentationshandout ist aufwendig gestaltet und wird nach der Präsentation zum Download zur Verfügung gestellt oder verschickt.

Bespre-chungs-handout	Zum Briefing einer Videokonferenz beinhaltet das Handout die Präsentationsfolien. Weitere ausführliche Informationen stehen – nach Tagesordnungspunkten geordnet – in einem für alle Teilnehmer/-innen freigeschalteten, elektronischen Notizbuch zur Verfügung. Das Handout wird zu Beginn der Videokonferenz oder ein bis zwei Tage vorher zur Verfügung gestellt.

Titelblatt. Das Handout sollte ein Titelblatt mit vollständigem Titel, Untertitel und dem Namen des Verfassers / der Verfasserin enthalten. Auf dem Titelblatt erscheinen das Firmenlogo und weitere wesentliche Identifizierungsmerkmale des Unternehmens (z. B. der verwendete Slogan). Die folgenden Seiten sind mit Kopf- und Fußzeilen gestaltet.

Beispiel: Ausschnitt aus einem Dokumentationshandout

Brief muster GmbH

Seminar

Gute Briefe
Gute Beziehungen

Dr. Frederik Baumgarten

Briefmuster GmbH
Abteilung Information & Kommunikation
Messestraße 10 – 14
70184 Stuttgart

Gute Briefe, gute Beziehungen Brief muster GmbH

1 Sinnvoll gliedern

Bevor Sie zu schreiben beginnen, sollten Sie sich fragen:

- Warum schreibe ich, was will ich erreichen?
- Wie lautet die Kernaussage meines Schreibens?
- Wer ist der Empfänger des Briefes und in welchem Verhältnis stehe ich zu ihm?
- Was ist für ihn wichtig?
- Wie wird er auf meinen Brief reagieren?

Machen Sie nicht den Fehler, schon beim Textentwurf lange über einen einzelnen Satz zu grübeln, weil Sie auf Anhieb druckreif formulieren wollen. Einfacher dürfte es sein, den Text erst einmal in einem Zug durchzuschreiben. Sie müssen dabei nicht am Anfang beginnen. Fangen Sie ruhig in der Mitte oder mit dem letzten Abschnitt an – wichtig ist, dass Ihre Gedanken in Fluss kommen.

1.1 Inhaltlich strukturieren

Die einheitliche Gliederung ist die entscheidende Voraussetzung für die Verständlichkeit eines Textes. Bei der Vorbereitung klären Sie die verschiedenen inhaltlichen Aspekte; unterscheiden Sie zwischen Dingen, die voneinander abhängig sind und erst nach und nach geschildert werden können, und solchen, die gleichberechtigt nebeneinanderstehen könnten, sowie Details, die bei näherer Betrachtung vielleicht sogar verzichtbar sind.

1.2 In Absätze unterteilen

Der inneren Gliederung eines Textes sollte eine äußere folgen, zum Beispiel in Form von Absätzen. Absätze erhöhen die Lesbarkeit: Sie bieten optische Orientierung, sie erleichtern den ersten Überblick, und beim nochmaligen Lesen helfen sie, bestimmte Textstellen zu finden. Der Beginn eines neuen Absatzes signalisiert optisch, was dieser unbedingt auch inhaltlich leisten muss: den Einstieg in einen neuen Argumentationsschritt oder Gedanken. Texte von mehr als zwei Seiten Länge sollten Sie darüber hinaus in Abschnitte gliedern, die durch Überschriften eingeleitet werden.

1.3 Mit Aufzählungen arbeiten

Weitere Mittel, den Inhalt zu strukturieren, sind die Liste und die Tabelle. Beide können sehr effektive Hilfen sein, einen Text verständlicher zu machen. Die Tabelle bietet sich für Inhalte an, die zu bestimmten Dingen mehrere, stets einer Kategorie zugehörige Details enthalten. Klassisch sind zum Beispiel Waren und ihre Preise, Maße oder Bestellnummern. In Briefen selbst wird man sie eher selten verwenden.

20..-08-08 Seite 2 von 4

Gute Briefe, gute Beziehungen

Brief muster GmbH

2 Einfach formulieren

Verständliche Texte sind nicht nur optimal gegliedert, sondern auch optimal formuliert. Das Bedeutet, dass ihr Satzbau weder langweilig einfach noch ermüdend umständlich ist. Ebenso wichtig ist die Wahl des treffenden Vokabulars.

2.1 Klare Aussagen treffen

Als Ausdruck höflicher Zurückhaltung wurden lange Zeit Satzaussagen um „mögen", „würden" oder „dürfen" erweitert, zum Beispiel: *Ich möchte mich bei Ihnen herzlich für die Unterstützung bedanken.* Eine solche Formulierung wirkt heute altmodisch, und in vielen Lesern weckt sie die Fragen: „Und warum tun Sie es dann nicht?" oder „Ja gut – wann?". Stattdessen gilt es heute als besserer Stil, ohne Umschweife auf den Punkt zu kommen: *Ich danke Ihnen herzlich für die Unterstützung!*

Andererseits können konjunktivische Formulierungen zurückhaltender – und dadurch passender – wirken: *Wir wären Ihnen dankbar, wenn Sie den Termin pünktlich einhalten könnten.* Vielleicht ist bekannt, dass der Empfänger – ein ausnehmend konservativer, aber sehr wichtiger Kunde – nachvollziehbare Gründe haben könnte, um einen etwas späteren Termin zu bitten. Die Formulierung im Indikativ dagegen ist zwar prägnanter, sie kommt vielen Lesern aber schon fast einer Vorladung gleich: *Bitte kommen Sie pünktlich zum vereinbarten Termin.* Welche Formulierung Sie wählen, sollten Sie immer auf die Situation und den individuellen Empfänger oder den Kreis von Empfängern abstimmen.

Kommen Sie zur Sache!

Nicht	Sondern
Wir möchten Sie bitten, den Termin einzuhalten.	Bitte halten Sie den Termin ein.
Wir würden uns freuen, Sie in unserem Hause begrüßen zu dürfen	Wir freuen uns auf Sie.
Wir würden uns freuen, Sie in unseren neuen Ausstellungsräumen begrüßen zu dürfen.	Wir freuen uns auf Ihren Besuch in unseren neuen Ausstellungsräumen.

Ähnlich wie die Erweiterungen mit „mögen", „würden" oder „dürfen" sorgen auch Vorreiter dafür, dass die eigentliche Aussage im Satz nach hinten verschoben wird. Vorreiter sind Einleitungswendungen im Hauptsatz, die die eigentliche Information in den Nebensatz drängen. Solche Einleitungen können Sie weglassen: Die Hauptsache gehört in den Hauptsatz. Statt: „Wir teilen Ihnen mit, dass sich unsere Lieferbedingungen geändert haben" schreiben Sie besser nur: „Unsere Lieferbedingungen haben sich geändert."

20..-08-08 Seite 3 von 4

Gute Briefe, gute Beziehungen

Brief muster GmbH

Verzichten Sie auf solche Vorreiter:

Sie teilen uns mit, ...	Wir teilen Ihnen mit, ...
Sie weisen uns darauf hin, ...	Wir weisen Sie darauf hin, ...
Sie setzen uns in Kenntnis, ...	Wir setzen Sie in Kenntnis, ...
Sie machen darauf aufmerksam, ...	Wir machen Sie darauf aufmerksam, ...
In Beantwortung Ihres Schreibens ...	Wir haben Ihr Schreiben erhalten und ...

2.2 Schwer verständliche Wörter vermeiden

Schwer verständlich sind alle Wörter, die für den Empfänger fremd sind – das können Fremdwörter sein, also Wörter fremden, zum Beispiel lateinischen Ursprungs, Fachwörter oder branchenspezifische Abkürzungen. Sie alle haben ihre Berechtigung, sofern sie präzise sind und ihre Bedeutung allen Beteiligten bekannt ist. Unter Fachkollegen verwendet man sie mit Selbstverständlichkeit. Sobald Sie aber nicht sicher sein können, dass der Empfänger Ihrer Schreiben in etwa den gleichen Wortschatz hat wie Sie, sollten Sie sich bei jedem ungeläufigen Wort fragen: Ist das verständlich?

Vermeiden Sie Bandwurmwörter; sie sind grundsätzlich schwer verständlich. Restmüllvolumenminderung, Mehrzweckküchenmaschine, Geräteunterhaltsnachweis oder Rundfunkfinanzierungsstaatsvertrag – das sind keine Fantasieschöpfungen, sondern **Bandwurmwörter**, die in der Verwaltungssprache tatsächlich verwendet werden. Solche Wortungetüme können aber vermieden werden:

- Setzen Sie möglichst nicht mehr als drei Wortglieder zusammen (z. B. nicht: 1. Restmüll 2. -behälter 3.-volumen 4. -minderung).
- Machen Sie längere Zusammensetzungen durch einen Bindestrich übersichtlicher (z. B. Lebensmittel-Gesetz).

Papierwörter sind Wörter, die man zwar schreibt, aber nur selten oder nicht spricht (z. B. „Bezug nehmen"). Sie lassen Texte bürokratisch wirken.

Auch **Füllwörter** blähen einen Text auf, ohne etwas zur Aussage beizutragen. Dazu gehören Wörter wie *dahingehend, an sich, sozusagen, quasi.* Sie werden vor allem in der gesprochenen Sprache verwendet, wo sie dazu dienen, eine Aussage abzutönen: Der Sprechende kann mit ihrer Hilfe einem Gedanken eine Färbung geben, etwas betonen oder auch einem Gefühl Ausdruck verleihen. In geschriebenen Texten wirken solche Wörter meist störend. Sie bekommen, besonders wenn sie gehäuft auftreten, den Charakter von bloßen Füllseln. Zu diesen Wörtern gehören: *aber, auch, bloß, denn, doch, eben, etwa, halt, ja, mal, nicht, nur, schon vielleicht, wohl, eh, eigentlich, einfach, erst, ruhig* und *überhaupt.*

...

20..-08-08 Seite 4 von 4

usw.

4

Im Team virtuell zusammen-arbeiten

Vorschau

Teams in der modernen Arbeitswelt
Feste Teams
Agile Teams
Flexible Teams

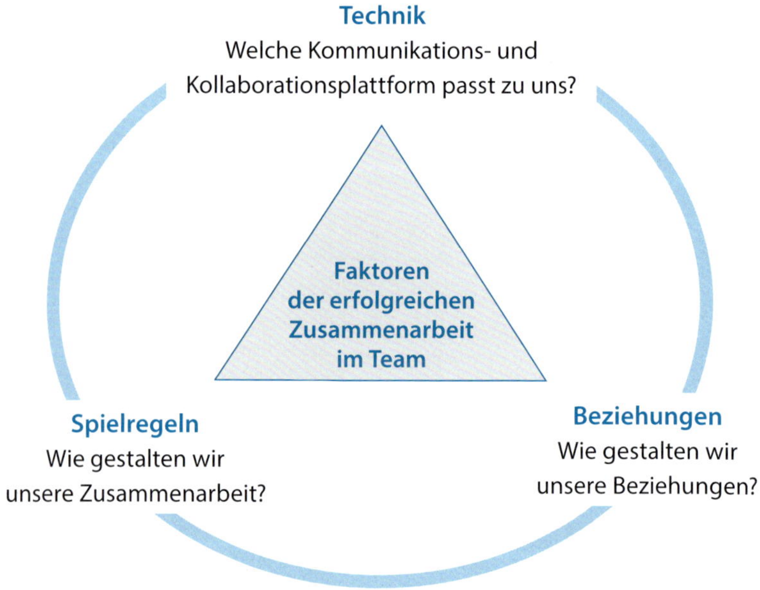
Technik
Welche Kommunikations- und Kollaborationsplattform passt zu uns?
Faktoren der erfolgreichen Zusammenarbeit im Team
Spielregeln
Wie gestalten wir unsere Zusammenarbeit?
Beziehungen
Wie gestalten wir unsere Beziehungen?

Kommunikation im Team

Plattform

Audiogespräch

Videogespräch

Chat
- Dokumentenchat
- Themenchat
- Socialchat
- Feedbackchat
- Protokollchat

Virtuelle Teambesprechungen

Rollen
- Moderation
- Protokollant/-in
- Zeitwächter/-in
- Teammitglieder

Spiel- und Gesprächsregeln
↓
angenehme Atmosphäre schaffen

Metakommunikation

Zusammenarbeit im virtuellen Raum

Tools zur Förderung der Kreativität und zum »Weiterdenken«.

Follow-up

Die digitale Zusammenarbeit im Team ist eine wichtige Form der flexiblen und mobilen Arbeitswelt. Mittlerweile gehört es zum Alltag, dass die Mitarbeitenden an verschiedenen Standorten – auch international – gemeinsam zusammenarbeiten. Oft sind fünf Generationen in einem Team vertreten, was die Art der Zusammenarbeit und die Kommunikation stark verändert. Wir kommunizieren über verschiedene Kanäle und nutzen unterschiedliche Tools und Apps. Die zu erledigenden Aufgaben und die damit verbundene Datenmenge nimmt zu.

Feste und flexible Teams. In festen Teams arbeiten die Teammitglieder an konkreten Aufgabenstellungen über einen längeren Zeitraum hinweg. Das sind in der Regel wichtige Vorhaben, an denen vor Ort und virtuell gearbeitet wird. Flexible Teams entstehen meistens spontan und bestehen nur kurz, um beispielsweise ein Problem zu lösen. In der agilen Arbeitswelt arbeiten viele Beschäftigte sowohl in festen als auch flexiblen Teams gleichzeitig.

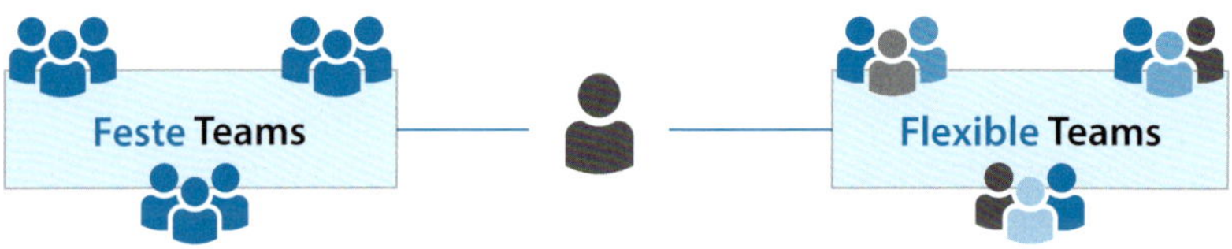

Merkmale eines Teams. Ein Team ist eine Gruppe von Personen, die ein gemeinsames Ziel verfolgt. Damit ein Team erfolgreich arbeitet, sollten die Teammitglieder gemeinsam eine vertrauensvolle Basis entwickeln. Folgende Merkmale sind in Teams mehr oder weniger ausgeprägt. Als Teammitglied

Agile Teams. Agiles Arbeiten bedeutet, schnell und anpassungsfähig auf Anforderungen zu reagieren. Die Geschäftsprozesse werden automatisiert und die Projektarbeit gewinnt an Bedeutung. Das heißt, von den Beschäftigten werden vor allem Kompetenzen wie Schnelligkeit, Anpassungsfähigkeit und Selbstorganisation erwartet. In den Projekten agieren die Mitarbeiter/-innen weitgehend selbstbestimmt in agilen Teams. Dies bedeutet, dass alle Beteiligten dauerhaft zusammenarbeiten, sich selbst organisieren, hervorragende Leistungen anstreben und in kurzen Intervallen funktionierende Ergebnisse liefern. Agile Teams sind besonders durch eine positive Fehlerkultur geprägt. Die Arbeitsprozesse werden regelmäßig reflektiert und verbessert. Außerdem wird immanent überprüft, ob das vorgegebene Arbeitstempo dauerhaft durchgehalten werden kann.

4.1 Voraussetzungen für die virtuelle Zusammenarbeit

Das Fundament für erfolgreiche Teams in einem Unternehmen ist eine Unternehmenskultur, die den Mitarbeitenden Vertrauen entgegenbringt und ihnen mehr Eigenverantwortung und Selbstorganisation zuspricht. Fehlt dies, hat die entstandene Zusammenarbeit – trotz modernster Technologie – kaum Bestand. Auch muss die digitale Kommunikation unternehmensintern geregelt sein und der informelle Austausch, der sonst in der Kaffeeecke stattfindet, darf nicht zu kurz kommen. Es braucht feste Strukturen, klare Absprachen und gegenseitiges Verständnis.

Eine erfolgreiche virtuelle Zusammenarbeit im Team ist von folgenden Faktoren abhängig:

Technik: Kommunikations- und Kollaborationsplattformen

Kommunikations- und Kollaborationsplattformen erleichtern die Zusammenarbeit von verteilten Teams. Externe Partner können in Projekte und Vorhaben eingebunden werden. Häufig werden in Organisationen verschiedene Informations- und Kommunikationskanäle genutzt, die parallel, unsystematisch und nach den Vorlieben der jeweiligen Kollegen und Kolleginnen genutzt werden. Integrierte Lösungen, die die Vielzahl verschiedener Anwendungen auf einer Plattform für alle Mitarbeitenden zur Verfügung stellen, sind beispielsweise Microsoft Teams, Google Workspace und Facebook Workplace. Verstreute Informationskanäle, wie beispielsweise E-Mail, zentrale Dateiablage, Instant-Messenger, Audio- und Videotelefonie, Kalender, Notizbücher und Informationsboards, werden auf der Plattform benutzt. Statt E-Mails schreiben die Teammitglieder Chatnachrichten, auf die die Adressierten schnell reagieren oder spontan über die Audiofunktion anrufen können. Die entstandenen virtuellen Dialoge und Informationen stehen allen Teammitgliedern jederzeit zum Nachlesen zur Verfügung. Das erleichtert auch die Integration neuer Teammitglieder. Alle Nutzerinnen und Nutzer können webbasiert oder über die entsprechende App mithilfe des Smartphones orts- und zeitunabhängig auf der Plattform arbeiten. Manche Funktionen lassen sich aber auf dem Smartphone oder Tablet nur eingeschränkt nutzen. Die hochgeladenen Dateien können in Echtzeit gemeinsam bearbeitet werden. Beim Speichern werden die bearbeiteten Dokumente automatisch versioniert und synchronisiert.

- **Teammitglieder.** Ein Team besteht in der Regel aus Mitarbeitenden der gleichen Organisation – oft weltweit an verschiedenen Standorten. Es können aber auch externe Personen dauerhaft oder zeitweise in ein Team eingebunden werden. Innerhalb eines Teams sollten für den Datenzugriff alle über Schreib- und Leserechte verfügen.
- **Arbeitsbereich eines Teams.** Hier befinden sich die Dateien, an denen zusammengearbeitet wird und zu denen Informationen ausgetauscht werden. Die Informationen, die früher in den einzelnen E-Mail-Accounts und sonstigen Speicherorten der Beschäftigten lagen, werden themenzentriert im Arbeitsbereich des Teams allen zur Verfügung gestellt. Die im Team benötigten Tools können dem Teambereich zugewiesen und mit den entsprechenden Schaltflächen übersichtlich angeordnet werden.

Spielregeln für das Team

Damit eine gute Teamarbeit gelingt, sollten Verhaltens- und Arbeitsregeln eingehalten werden. Am besten läuft es, wenn sich das Team seine Spielregeln selbst erarbeitet und eine Person bestimmt, die die Einhaltung der Regeln überwacht. Gerade wenn Sie flexibel arbeiten, braucht es Verlässlichkeit durch Verhaltensregeln und Regeln im Umgang mit der Technik. Dies trägt dazu bei, Stress, Missverständnisse und persönliche Befindlichkeiten, die die Zusammenarbeit erschweren, zu vermeiden.

Teamfähigkeit setzt Softskills wie Kooperationsfähigkeit, Kollegialität, Kommunikationsfähigkeit, Rücksichtnahme, Sensibilität und Konfliktfähigkeit voraus. Wie in der analogen Arbeitswelt sind dies auch in der virtuellen Arbeitswelt wichtige Voraussetzungen, um einen guten Umgang miteinander zu pflegen. Tauschen Sie sich in einer Teamrunde darüber aus, welche Regeln die Teammitglieder sich für die Zusammenarbeit wünschen.

CHECKLISTE – SPIELREGELN ENTWICKELN		
Brainstorming auf dem digitalen Whiteboard oder analog an der Moderationstafel:		
1.	Was empfinden Sie im derzeitigen Umgang als wertschätzend und taktvoll?	☐
2.	Was sehen Sie kritisch?	☐
Folgende Fragen können sich beispielsweise aus dem Ergebnis ableiten lassen:		
1.	Wie gehen wir mit Unpünktlichkeit um?	☐
2.	Wie gehen wir damit um, wenn im Team Zusagen nicht eingehalten werden?	☐
3.	Wie organisieren wir den Informationsfluss und unsere Kommunikation?	☐
4.	Wie treffen wir Vereinbarungen oder Entscheidungen?	☐
5.	Wie gestalten wir unsere virtuelle Ablage, sodass alle alles wiederfinden?	☐
6.	Wie gehen wir mit Fehlern um, damit wir aus ihnen lernen?	☐
7.	Wie gehen wir mit Andersartigkeit um?	☐
8.	Wie sprechen wir Konflikte so an, dass niemand verletzt wird?	☐
9.	Wie gehen wir mit Verstößen gegen unsere Spielregeln um?	☐

Beispiele zu Spielregeln:

KOMMUNIKATIVE SPIELREGELN		
Wir sind uns bewusst, dass gute Beziehungen im Team eine gute Zusammenarbeit fördern.	Wir ziehen alle an einem Strang.	Wir gehen respektvoll und fair miteinander um.
Wir sind bereit, Kompromisse einzugehen.	Wir wissen, was jede/-r Einzelne im Team leistet.	Wir tragen Kritik sachlich vor.
Wir achten bei der Verteilung von Aufgaben auf die Fachkompetenzen der einzelnen Mitglieder.	Wir haben die gemeinsam gesteckten Ziele immer im Blick und feiern erreichte Ziele.	Wir erkennen die Leistungen der anderen an und zeigen Ihnen unsere Wertschätzung.
ORGANISATORISCHE SPIELREGELN		
Wir führen einen gemeinsamen Terminkalender.	Wir nutzen zur Information und Kommunikation die Tools unserer Plattform.	Wir halten die Kanäle auf unserer Plattform sauber.
Wir legen unsere Dateien nach einheitlichen Regeln ab.	Wir nutzen das Notizbuch auf unserer Plattform, um Gesprächsergebnisse zu dokumentieren.	Wir steuern unsere Aufgaben über das Aufgabentool der Plattform.
Wir reagieren sofort, spätestens innerhalb von einer Stunde auf Chatnachrichten.	Wichtige Informationen teilen wir uns per … mit.	Wir verschicken Links zu bearbeitenden Dateien im Ablagesystem.

Beziehungen

Grundsätzlich muss man sich bewusst sein, dass der Erfolg einer guten Zusammenarbeit überwiegend von der Beziehung zueinander abhängig ist. Wissenschaftliche Untersuchungen haben gezeigt, dass Menschen, die ihre Beziehung untereinander nicht geklärt haben, nicht erfolgreich miteinander arbeiten können. Ganz besonders trifft das auf die virtuelle Zusammenarbeit zu.

Wer im Team arbeitet, ist nicht automatisch produktiv. Die Zusammenarbeit kann Mitarbeitende auch demotivieren und weniger leistungsbereit machen. Beim gemeinsamen Arbeiten können durchaus Reibungsverluste entstehen, wenn die Aufgabenverteilung beispielsweise unklar ist. Deshalb ist es wichtig, dass es den Teammitgliedern bewusst ist, welche Verantwortung sie für das Gesamtergebnis tragen.

Wichtig ist es auch, im Team individuelle Beiträge zu würdigen, wenn das Ergebnis besonders kreativ war oder eine schwierige Aufgabe gelöst wurde. Erfolge und Beiträge einzelner Teammitglieder dürfen nicht zulasten anderer gehen. Die Psychologie spricht von »sozialem Faulenzen«, wenn Menschen sich in einer Gruppe weniger anstrengen, als wenn sie alleine arbeiten. Um die Motivation aller im Team zu erhalten, sind klare Ziele und ein kontinuierliches Feedback wichtig.

4.2 Teamentwicklung

In der Regel trifft das Unternehmen mit den Beschäftigten individuelle Zielvereinbarungen, die neben den gemeinsam im Team entwickelten Zielen stehen können. Damit dies nicht zu einer Herausforderung wird, ist es wichtig, dass Sie eine klar definierte Rolle im Team haben und den anderen Teammitgliedern mit Offenheit und Toleranz begegnen. Sie tragen wie jedes Teammitglied einen Teil der Verantwortung und handeln eigenverantwortlich. Für eine erfolgreiche Teamarbeit ist eine vertrauensvolle Arbeitsatmosphäre erforderlich, in der alle einen solidarischen Umgang miteinander pflegen und die individuellen Fähigkeiten der einzelnen Teammitglieder würdigen. Reflektieren Sie immer wieder Ihr eigenes Verhalten und seien Sie sich bewusst, welchen Einfluss Sie auf die Teamentwicklung und das Arbeitsziel haben.

In neuen Teams kommen oft unbekannte Personen zusammen, die zunächst einen gemeinsamen Arbeitsstil entwickeln müssen. Nach dem Modell von Bruce W. Tuckman durchlaufen Teams während des Gruppenprozesses folgende Phasen:

Forming 1
(Orientierungsphase)

Jedes Teammitglied sucht seine eigene Rolle und nach Akzeptanz in der Gruppe. Die Teamleitung gibt das Ziel vor und achtet darauf, dass alle ihren Platz finden.

Storming 2
(Konfliktphase)

Die Teammitglieder raufen sich zusammen. Unterschwellige Konflikte und Cliquenbildung treten auf. Die Teamleitung vermittelt und ermutigt zur Offenheit.

Norming 3
(Organisationsphase)

Gemeinsame Regeln werden erarbeitet und festgelegt. Die Teamleitung achtet auf eine gerechte Aufgabenverteilung und Einhaltung der Regeln.

Performing 4
(Integrationsphase)

Das Team arbeitet intensiv und zielorientiert an der gemeinsamen Aufgabe. Die Teamleitung agiert überwiegend moderierend.

Während dieser vier Entwicklungsphasen werden unter anderem

- die Arbeitsziele klar definiert,
- die zu nutzenden Kommunikationskanäle bestimmt,
- Zuständigkeiten geregelt,
- Regeln für Absprachen vereinbart und
- ein zentraler Ablageort für das Teamwissen bestimmt.

4.3 Kommunikation im Team

Kommunikations- und Kollaborationsplattformen eignen sich perfekt, um die Zusammenarbeit im Team zu gestalten. In der agilen Arbeitswelt sind häufig mehrere Generationen und Personen aus anderen Kulturkreisen in einem Team zusammen. Deshalb können die allgemein gültigen Regeln und Prinzipien der Kommunikation nicht eins zu eins angewendet werden. Gerade auch weil der nonverbale Bereich im virtuellen Umfeld stark eingeschränkt ist, kann es zu Fehlschlüssen kommen. Die Kommunikation im Team zielt darauf ab, Ideen zu erarbeiten, sich auszutauschen, Wissen zu dokumentieren und zu teilen. Alle im Team sollten in diesen Prozess eingebunden sein.

Das Angebot von Kommunikations- und Kollaborationsplattformen ist vielfältig. Zu einer Basisausstattung für die digitale Zusammenarbeit gehören Funktionen wie Audio- und Videocalls, Chat für team- und themenspezifische schriftliche Unterhaltungen, die von einer Person oder von mehreren ausgewählten Personen gelesen werden können.

Auf einigen Plattformen lassen sich Kommunikationskanäle sowohl »öffentlich« als auch »privat« nutzen. Deshalb sollten Sie stets aufpassen, welche Nachrichten oder Informationen Sie an wen und in welchem Kanal weitergeben.

Audio- und Videogespräche. Eine Frage per Audiocall schnell klären oder eine Ad-hoc-Besprechung per Videocall einberufen, dies können Sie auf einer Plattform mit ein paar Klicks schnell erledigen. Mit einem schnurlosen Headset sind Sie in einem Audiocall uneingeschränkt mobil und das Gesprochene wird besser verstanden. Audio- und Videocalls finden innerhalb der Plattform statt. Die Teammitglieder sind direkt über das Telefonsymbol und/oder Videosymbol des genutzten Kommunikationskanals erreichbar. Das umständliche Heraussuchen von Telefonnummern entfällt. Audio- bzw. Videogespräche können sowohl mit einzelnen Personen als auch in der Gruppe geführt werden.

AUDIO-/VIDEOCALL IM TEAM

VORTEILE	NACHTEILE
• Betriebsinterne Telefonate können direkt auf der Plattform geführt werden. • kein lästiges Heraussuchen von Telefonnummern • Fragen lassen sich schnell klären. • Durchführung kurzer Umfragen • Hinterlassen von Nachrichten auf dem digitalen Anrufbeantworter	• zeitgleiche Kommunikation; die angerufene Person muss verfügbar sein • Mangelnde Technikkompetenz behindert eine verständliche Kommunikation. • nur in kleineren Gruppen sinnvoll

Professionell Audio-/Videocalls führen. Werden Sie überraschend angerufen und mit einem Thema konfrontiert, auf das Sie gerade nicht vorbereitet sind, bitten Sie die anrufende Person um Verständnis und rufen Sie kurzfristig zurück. Im umgekehrten Fall schlagen Sie vor, zu einem passenderen Zeitpunkt anzurufen.

Melden Sie sich freundlich. Drücken Sie sich klar und verständlich aus. Sprechen Sie möglichst in kurzen Sätzen. Die zuhörende Person muss Ihren Gedanken folgen können. Hören Sie aktiv zu und stellen Sie Fragen. Machen Sie strategische Pausen, um Ihr Gegenüber zum Reden zu veranlassen. Vermeiden Sie Verlegenheitslaute wie »ähm« oder »mhm«. Achten Sie auf die richtige Modulation Ihrer Stimme. Wechseln Sie den Sprechrhythmus: laut, leise, schnell, langsam usw. Passen Sie Ihre Sprechweise den Gegebenheiten an und betonen Sie Wesentliches.

In vielen Fällen ist in einer Videokonferenz der Abstand des Oberkörpers zum Bildschirm sehr eng, was bei den Gegenübern häufig unbewusst als Eindringen in die »intime Zone« und manchmal sogar bedrohlich empfunden wird. Bei analogen Gesprächen spricht die Verhaltenswissenschaft von vier Distanzzonen: intime Zone bis zu 50 cm Abstand, persönliche Zone von 50 cm bis zu 1 m, gesellschaftliche Distanzzone 1 bis 2 m oder mehr und öffentliche Distanzzone mehrere Meter vom Redner entfernt. Halten Sie wie bei einem analogen Treffen angemessen Abstand und testen Sie Ihre eigene Wirkung vor dem Bildschirm. Pflegen Sie eine offene Kommunikation. Damit beugen Sie Irritationen vor und können Missverständnisse früh aus dem Weg räumen.

Chatten statt E-Mails schreiben. Während die E-Mail als Ersatz für den Geschäftsbrief mit externen Partnern in der Korrespondenz Einsatz findet, werden die Instant-Messenger zur schnellen Kommunikation im innerbetrieblichen Bereich immer beliebter. Ein Chat kann mit einer Person oder als Gruppenchat geführt werden.

CHATTEN IM TEAM

VORTEILE	NACHTEILE
• schnelle Ad-hoc-Kommunikation zeitversetzt und in Echtzeit • sofortige Klärung von Fragen • kurze Abstimmung im Team • Dokumentation der stattgefundenen Kommunikation • direkte Bearbeitung am Dokument möglich • In regelmäßigen kurzen Besprechungen per Chat kann der Chatverlauf als Sofortprotokoll gespeichert werden. • Chatnachricht kann als »Wichtig« oder »Dringend« gekennzeichnet werden	• Gefahr, dass Informationen aus dem privaten Chat (z. B. in Teams) aus Versehen öffentlich werden • verkürzte Texte könnten missverstanden oder als unhöflich empfunden werden • bei längeren Chatverläufen kann Wichtiges übersehen werden • falsch verstandene Emojis, GIFs oder Sticker

Auf Plattformen können Sie die Chatfunktion in der virtuellen Zusammenarbeit situativ einsetzen:

- **Dokumentenchat.** In manchen Anwendungen können die Chatverläufe direkt an ein Dokument geheftet werden, sodass der Geschäftsvorgang im System vollständig dokumentiert ist. Zur Bearbeitung der Dokumente müssen die Teammitglieder die entsprechenden Rechte besitzen. Die Chatkommunikation am Dokument findet meistens zeitversetzt statt.

Beispiel:

Ihr Zeichen: so
Ihre Nachricht vom: 20..-10-15
Unser Zeichen: du-br
Unsere Nachricht vom:

Briefmuster GmbH – Postfach 10 20 30 – 70180 Stuttgart

Herrn
Konstantin Sommer
Mahnstraße 19
64646 Heppenheim

Name: Marie Jordan
Telefon: 0711 123-49
Telefax: 0711 123-50
E-Mail: marie.jordan@briefmuster-gmbh-com
Internet: www.briefmuster-gmbh.com

Datum: 20..-12-06

Rechnung Nr. 109044/20..

Ihre Kundennummer: 498 499
Ihre Bestellungsnummer: 949899
Lieferscheindatum: 20..-11-30

Wie vereinbart, berechnen wir für die Ausführung, Lieferung und Einbau im Monat November 20..:

Menge	Beschreibung	Preis in EUR
1	Einbaugarderobe Buche furniert, geölt Maße: 219 cm × 163 cm × 50 cm mit drei Schubladen und einer Schiebetür mit Spiegel (Rahmenkonstruktion auf Buche)	1.890,00
	+ 19 % MwSt.	359,10
	Rechnungsbetrag	**2.249,10**

Bitte überweisen Sie den Rechnungsbetrag bis spätestens 28. Dezember 20.. ohne Abzug.

Wir weisen darauf hin, dass Sie diese Rechnung nach dem Umsatzsteuergesetz, § 14 b, zwei Jahre lang aufbewahren müssen. Die Aufbewahrungsfrist beginnt mit dem Beginn des nächsten Kalenderjahres.

Herzlichen Dank für Ihren Auftrag.

> 20..-10-16 07:50 Uhr
> Marie Jordan – Buchhaltung:
> Herr Sommer bittet um einen Zahlungsaufschub von einer Woche. Ist das aus Ihrer Sicht möglich?

> 20..-10-16. 08:05 Uhr
> Frank Müller – Buchhaltung:
> Den Zahlungsaufschub können wir gewähren. Bitte informieren Sie Herrn Sommer.

> 20..-10-16 08:15 Uhr
> Marie Jordan – Buchhaltung:
> Herr Sommer ist informiert. Die Zahlung erfolgt bis spätestens 4. Januar 20..

- **Themenchat.** Die Teammitglieder diskutieren ein Thema im Chat. Alle Beteiligten müssen für die aktive Beteiligung gleichzeitig im Chat anwesend sein. Eine Person übernimmt die Moderation.
- **Socialchat.** Die Teammitglieder treffen sich im Chatraum zum informellen Austausch oder einer virtuellen Kaffeepause.
- **Feedbackchat.** Nach einer Veranstaltung oder nach Abschluss einer Arbeitsaufgabe findet eine Team-Feedbackrunde im Chat statt.
- **Protokollchat.** Eine regelmäßige Sitzung wird im Chat dokumentiert. Der entstandene Chatverlauf dient als Protokoll im PDF-Format. Das kann für tägliche Projektbesprechungen sehr nützlich sein.

Gemeinsam an Dokumenten arbeiten. Dokumente wie z. B. Textdateien, Tabellen, Präsentationen lassen sich auf den entsprechenden Plattformen gemeinsam bearbeiten. In der Datei ist zu erkennen, wer an welcher Stelle eine Bearbeitung vorgenommen hat. Außerdem können die Systeme beim Öffnen einer Datei anzeigen, wer aktuell an dem Dokument arbeitet.

Mithilfe der Funktion »Bildschirmübertragung« können Sie auch live gemeinsam mit einer oder mehreren Personen an einer Datei arbeiten. Das Dokument wird für alle anderen sichtbar. Gesprächsteilnehmende müssen die Erlaubnis zur Bearbeitung einholen.

GEMEINSAM AN DOKUMENTEN ARBEITEN

VORTEILE	NACHTEILE
• Die Dateien müssen nicht per E-Mail hin und her geschickt werden. • Gespeicherte Dokumente werden automatisch versioniert. • Synchronisation auf allen Geräten • Mehrere Personen können gleichzeitig an einer Datei arbeiten.	• Größere Dateien lassen sich oft nicht über die Apps auf dem Smartphone oder Tablet bearbeiten. • Gefahr, dass sich wichtige und sensible Informationen sowie Dokumente auf externen Plattformen verbreiten

4.4 Virtuelle Teambesprechungen

Virtuelle Besprechungen tragen entscheidend dazu bei, den Informationsfluss innerhalb von dezentralen Teams aufrecht zu erhalten. Sie sind besonders sorgfältig vorzubereiten, damit das Team durch eine klare und verständliche Kommunikation effektiv zusammenarbeitet. Die Abhängigkeit von der Technologie ist zu berücksichtigen. Störungen in der Internetverbindung oder mangelnde Technikkompetenz können die Kommunikation nicht nur unterbrechen, sondern im schlimmsten Fall sogar verhindern. Viele Unternehmen bieten ihren Beschäftigten Webinare (meistens mit Aufzeichnung) oder Tutorials an, damit sie sich schnell, zeit- und ortsunabhängig mit den Funktionen des genutzten Programms vertraut machen können.

Spiel- und Gesprächsregeln für virtuelle Besprechungen

Spiel- und Gesprächsregeln unterstützen eine gute virtuelle Kommunikationskultur. Sie werden gemeinsam entwickelt. Alle im Team achten auf die Einhaltung der Regeln.

Beispiele für Spielregeln:

- Montags und freitags finden keine Besprechungen statt.
- Vor jeder Besprechung wird eine Agenda erstellt.
- Die in der Besprechung eingesetzten Kommunikationsmittel (z. B. Chat, Umfragetool) werden vorher bekannt gegeben.
- Wir sind mit den Funktionen der digitalen Werkzeuge vertraut und können souverän damit umgehen.
- Alle melden sich im System rechtzeitig an, damit die Besprechung pünktlich beginnen kann.
- Jede Besprechung dauert in der Regel nicht länger als 60 Minuten.
- Alle Besprechungen finden mit Video statt.
- Die Rolle der Moderation wechselt regelmäßig.
- Bei geplanten, längeren Besprechungen sind Pausen einzuplanen.
- Die Besprechungen beginnen und enden pünktlich.
- Die wichtigsten Ergebnisse werden während der Besprechung als Sofortprotokoll im digitalen Notizbuch zusammengefasst.

Beispiele für Gesprächsregeln:

- Wir sprechen Störungen auf der Beziehungsebene offen an und klären sie zu Beginn der Besprechung, sodass wir uns anschließend auf die Sacharbeit konzentrieren können.
- Wir hören aktiv zu!
- Wir unterbrechen die Sprechenden nicht.
- Wir kommunizieren Ich-Botschaften statt Du-Botschaften.
- Wir sprechen nicht über die Kollegin / den Kollegen, sondern mit der Kollegin / dem Kollegen.
- Wir versuchen, die Standpunkte unserer Gegenüber nachzuvollziehen und ihre Bedürfnisse zu verstehen, auch wenn sie anderer Meinung sind.
- Wir reflektieren nach jeder Besprechung kritisch unsere Zusammenarbeit.

In der virtuellen Zusammenarbeit haben sich tägliche Kurzbesprechungen, wöchentliche oder 14-tägige Meetings bewährt.

- **Tägliche Kurzbesprechung.** Die tägliche Kurzbesprechung dient der informellen Kommunikation. Sie dauert ungefähr 10 bis 15 Minuten. Das sind gut investierte Minuten, da sich die Teammitglieder dadurch besser kennen und wertschätzen lernen. Es entsteht Transparenz darüber, was jeder tut und erreicht hat. Die Teammitglieder bereiten dazu ein kurzes Statement über den Stand ihrer Arbeit vor. Jede Person beschreibt ihre aktuellen Aufgaben und erwähnt, was besonders gut gelungen ist.

- **Regelmäßige Teambesprechungen**. Für eine wirksame Zusammenarbeit sind regelmäßige Teambesprechungen wichtige Fixpunkte, um neben den Sachthemen auch die Kommunikation und die Kooperation im virtuellen Team zu fördern. Alle bereiten sich gut vor und unterstützen sich gegenseitig. Wichtige Inhalte und Ergebnisse werden situativ mithilfe von digitalen Werkzeugen visualisiert.

Virtuelle Teambesprechungen vorbereiten

- **Technische Vorbereitungen.** Stellen Sie mit der IT-Abteilung sicher, dass alle Tools funktionieren und sich keine Hacker unerlaubten Zutritt auf die Plattform verschaffen können.

- **Besprechungsziele festlegen.** Die Besprechungsziele beschreiben, was in einer Besprechung erreicht werden soll. Es sind die Grobziele. Durch die Formulierung der Grobziele wird schnell klar, was aktuell anliegt, was vorbereitet werden muss, wie lange das Meeting dauern soll und letztendlich, ob die Besprechung tatsächlich notwendig ist.

- **Agenda erstellen.** Ein Teammitglied moderiert die Besprechung und bereitet federführend eine Agenda vor. Der Entwurf der Agenda liegt in der gemeinsamen Dateiablage und wird bis zu einem bestimmten Zeitpunkt von allen durch Ideen, Ziele und Tagesordnungspunkte ergänzt. Alle fragen sich:

- Welche Themen sollten besprochen werden?
- Wer ist dafür verantwortlich?
- Was sind wichtige Arbeitsschritte, die für die Zielerreichung notwendig sind?

Die Formulierung der Tagesordnungspunkte erfolgt in Form von Besprechungszielen, den Feinzielen des Meetings. Für jeden Tagesordnungspunkt wird ein Zeitrahmen festgelegt. Für wichtige Punkte ist mehr Zeit einzuplanen, das signalisiert dem Team die Bedeutung der einzelnen Punkte.

Die Materialien (z. B. Übersichten, Berichte, Präsentationen, Vertragsentwürfe) zu den Tagesordnungspunkten werden in einem für alle zugänglichen Ordner auf der gemeinsamen Plattform abgelegt, sodass sich alle auf die Besprechung eingehend vorbereiten können. Erstellen Sie in diesem Ordner für jeden Tagesordnungspunkt ein Unterverzeichnis und speichern Sie dort die entsprechenden Unterlagen. Kennzeichnen Sie die Unterlagen im Dateinamen mit dem entsprechenden Tagesordnungspunkt und verlinken Sie die Dateien (z. B. TOP-1-Bezeichnung.Extension) mit der digitalen Agenda. Verschicken Sie den Link zur Einladung an alle Teammitglieder ein paar Tage vor der Videokonferenz.

Zu Beginn der Teambesprechung wird die Agenda bestätigt und falls notwendig gemeinsam verändert. Dabei ist die Effizienz der Besprechung immer im Blick zu behalten.

Beispiel: Aufbau einer Agenda

Brief muster GmbH

Agenda

Virtuelle Teambesprechung

Datum:	
Uhrzeit:	

Virtueller Raum:	
Video oder Audio	☐ Audio ☐ Video
Tools:	

Moderation:	
Sofortprotokoll:	
Teilnehmende:	

Zeit	Tagesordnungs-punkt	Unterlagen	Eingesetztes Tool	Verant-wortlich
PAUSE				

- **Zeitplanung vornehmen.** Wie lange eine Besprechung dauert, hängt von den zu behandelnden Themen ab. Grundsätzlich sollte eine virtuelle Besprechung aber nicht länger als eine Stunde beanspruchen.

  Um zu einer realistischen Zeitplanung zu kommen, gliedern Sie die Themen in Unterthemen. Anschließend priorisieren und bündeln Sie die Themenbereiche. Für jedes Themengebiet nehmen Sie eine realistische Zeitplanung mit Pufferzeiten vor. Sind die Besprechungsinhalte umfangreicher, ist zu überlegen, ob weniger wichtige Tagesordnungspunkte gestrichen oder vertagt werden.

  Virtuelle Besprechungen sind anstrengender als Präsenzmeetings. Planen Sie deshalb kurze Erholungspausen ein. Das hilft, sich neu zu fokussieren. Falls es über die genutzte Anwendung möglich ist, können sich während der Pausen ein, zwei oder mehrere Personen in einem gesonderten virtuellen Raum zum Smalltalk verabreden.

Virtuelle Teambesprechungen durchführen

- **Funktionscheck und Moderation.** Als Moderator/-in sind Sie etwas früher im virtuellen Raum und testen die Technik. Sind alle da, bitten Sie die Anwesenden, das Video einzuschalten. Um alle Gesprächsteilnehmenden im Blick zu haben, wählen Sie die Galerieansicht.
- **Zeitwächter/-in.** Auf die vereinbaren Spiel- und Gesprächsregeln wird hingewiesen und gemeinsam ein/-e Zeitwächter/-in bestimmt.
- **Moderation.** Teilen Sie während der Besprechung Ihren Bildschirm, um die Agenda und die Dokumente, Ergebnisse und Ideen für alle sichtbar zu machen. Jede Person in der Gruppe, die einen Tagesordnungspunkt übernimmt, teilt ihren Bildschirm.

– **Tools für die digitale Zusammenarbeit in Besprechungen.** Um Besprechungen lebendiger zu gestalten und möglichst alle aus dem Team mit einzubeziehen, gibt es einige Methoden, die Sie mit digitalen Kollaborationstools in virtuellen Teambesprechungen einsetzen können. Alle Beteiligten werden so in den Prozess der Ideensammlung oder der Entscheidungsfindung einbezogen.

Selbstverständlich können Sie die beschriebenen Funktionen wie das Whiteboard, Bildschirm teilen, Gruppenräume, Chat, Umfragen und Abstimmungen (siehe S. 149) auch in Teambesprechungen erfolgreich einsetzen. Diese Kollaborationstools sind häufig in den Plattformen integriert. Einzelne Tools enthalten oft mehrere Funktionen, die sich flexibel einsetzen lassen.

Durch den Einsatz der Methoden und Tools soll das Team zum Weiterdenken angeregt werden.

Mindmapping	Mindmapping ist eine Methode, bei der sprachliches und bildhaftes Denken gefördert wird. Eine Mindmap ist eine visuelle Darstellung von Beziehungen, Assoziationen und Ideen. Die Verwendung fördert den optimalen Einsatz beider Gehirnhälften. Die Methode können Sie einsetzen, um • Ideen zu kreieren • Konzepte zu entwickeln • Wissen zu strukturieren Mindmaps können gemeinsam in einer Besprechung erstellt und digital weiterverarbeitet werden. Für die Zusammenarbeit im Team gibt es Tools (z. B. Mindmeister, XMind, Freemind), die Sie in Videokonferenzen nutzen können. Sie enthalten Vorlagen für Mindmaps, die auch auf erstellte Mindmaps übertragen werden können. Die zur Verfügung stehende elektronische Fläche ist unbegrenzt groß. Erstellte Äste und Unteräste lassen sich verschieben oder löschen. Die meisten Tools enthalten eine große Auswahl an Symbolen, Grafiken und Fotos.

Mind-mapping	Manche Programme haben neben einer Toolbox weitere Funktionen: • Brainstormingfunktion zur gemeinsamen Ideensammlung und Auswertung • Präsentationsmodus zur sukzessiven Anzeige einer Mindmap • Gantt-Diagramm zur Anzeige des Projektfortschritts (zeigt Start- und Enddatum und den Fortschritt jeder Aufgabe)
Umfragen und Abstimmungen	Über verschiedene Tools (z. B. Mentimeter, Microsoft Forms, Google Formulare) oder direkt in dem genutzten Videokonferenzprogramm können Sie kurze, personalisierte oder anonyme Umfragen und Abstimmungen erstellen. Für das Formular stehen in der Regel verschiedene Fragetypen zur Verfügung. Es kann zwischen verschiedenen Darstellungsformen (z. B. Balkendiagramm, Tabelle) der Ergebnisse gewählt werden. Die Teammitglieder erhalten einen Code oder Link, mit dem sie an der Umfrage teilnehmen können. Während der Videokonferenz kann die Moderation den Bildschirm teilen, sodass alle das Ergebnis in Echtzeit oder als Zusammenfassung sehen können.
Digitale Pinnwände	Digitale Pinnwände (z. B. de.padlet.com, Trello, eduPad, Slack) lassen sich in Teambesprechungen für folgende Aktivitäten nutzen: • Ideensammlungen • Bereitstellen von Informationen • gemeinsames Erstellen eines Textes • gemeinsame Listen erstellen Die meisten Programme bieten weitaus mehr Funktionen bzw. Hauptfunktionen. Sie sollten sie auf ihre Tauglichkeit für die Nutzung in Teambesprechungen überprüfen. Die Informationen können Sie beispielsweise auf digitalen Haftnotizen auf dem Board sammeln. In die Haftnotizen können Sie Bilder, Zeichnungen, Dateien, Videos, Tabellen, Audioaufnahmen u. v. m. integrieren und nach Belieben verschieben und anordnen.

- **Pausen.** Dauern die Besprechungen länger – was nicht die Regel sein sollte –, dann sollten Sie ab 45 Minuten bis 60 Minuten eine Pause einplanen. Teilen Sie Ihrem Team präzise mit, wie lange die Pause dauert und geben Sie den genauen Zeitpunkt (z. B. 15:00 Uhr) an, wann Sie sich wieder vor dem Bildschirm treffen. Die Pausen können aber auch aktiv für informelle Gespräche genutzt werden. Das stärkt die Beziehungsebene und fördert das Vertrauen.

- **Ergebnisprotokoll.** Ein Ergebnisprotokoll sichert ausschließlich die Ergebnisse, Arbeitsaufträge und Terminabsprachen. Idealerweise sollte die Aufzeichnung nicht länger als eine digitale A4-Seite umfassen.

  Legen Sie ein digitales Notizbuch für Teambesprechungen an. Sammeln Sie dort alle Informations- und Entscheidungsdokumente (z. B. Agenda, Beschlussvorlagen). Vor Sitzungsbeginn schalten Sie das Notizbuch für alle frei. Während der Besprechung schreiben Sie das Protokoll direkt in die Vorlage des Notizbuches. Gliedern Sie die Vorlage nach den Tagesordnungspunkten der Agenda, das hilft den roten Faden nicht zu verlieren. Weisen Sie die festgelegten Aufgaben und Termine den ausführenden Personen direkt zu.

  Schreiben Sie das Protokoll stets in der Gegenwart (Präsens); das unterstreicht seine Genauigkeit. Geben Sie nur das wieder, was gesagt worden ist. Es darf keine Unklarheit darüber bestehen, wessen Meinung hier wiedergegeben wird. Daher sollten Sie in diesen Fällen nicht die Wirklichkeitsform (den Indikativ), sondern die Möglichkeitsform wählen. Zu unterscheiden ist zwischen Konjunktiv I (1. Möglichkeitsform) und Konjunktiv II (2. Möglichkeitsform).

WIRKLICHKEITSFORM	KONJUNKTIV I (1. MÖGLICHKEITSFORM)	KONJUNKTIV II (2. MÖGLICHKEITSFORM)
ich schreibe	ich schreibe	ich schriebe
er schreibt	er schreibe	er schriebe
sie sagen	sie sagen	sie sagten

Ob in der Besprechung etwas in der Gegenwart oder in der Vergangenheit gesagt wurde – man benutzt zunächst immer die 1. Möglichkeitsform. Nur wenn diese von der Wirklichkeitsform nicht zu unterscheiden ist, weicht man auf die 2. Möglichkeitsform aus. Wenn auch die 2. Möglichkeitsform mit der Wirklichkeitsform identisch ist, dann können Sie sich mit *würde* helfen. Auch wenn Ihnen eine Möglichkeitsform zu altertümlich erscheint, können Sie auf die Umschreibung mit *würde* ausweichen.

ANWENDUNG VON GEGENWARTSFORM UND MÖGLICHKEITSFORM

NICHT	SONDERN
Frau Gilles sagte, die Mitarbeiterinnen und Mitarbeiter hätten keine Pausen gehabt.	Frau Gilles sagt, die Mitarbeiterinnen und Mitarbeiter hätten keine Pausen gehabt.
Herr Schneider sagt, dass der Zustand des Fuhrparks unbeschreiblich ist. Die meisten Mitarbeiterinnen und Mitarbeiter des Fahrdienstes lassen ihre Autos verkommen.	Herr Schneider sagt, der Zustand des Fuhrparks sei unbeschreiblich. Die Mitarbeiterinnen und Mitarbeiter des Fahrdienstes ließen ihre Autos verkommen.
Frau Schröder sagt, die Mitarbeiterinnen und Mitarbeiter haben sich bereits mehrfach beschwert.	Frau Schröder sagt, die Mitarbeiterinnen und Mitarbeiter hätten sich bereits mehrfach beschwert.

Beispiel: Vorlage für ein Ergebnisprotokoll

Brief muster GmbH

Ergebnisprotokoll

der Teambesprechung

Datum:	
Uhrzeit:	
Virtueller Raum:	

Anwesende:	
Abwesende:	

Moderation:	
Protokoll:	

Agenda:	

TOP-Nr.	Besprechungsinhalte	Wer macht was?	Bis wann?

Fast alle Videokonferenzprogramme haben eine Aufzeichnungsfunktion. Manchmal ist es sinnvoll, das ganze Meeting aufzunehmen. Nach der DSGVO müssen dazu alle Teilnehmenden ihr Einverständnis geben. Um später die richtigen Stellen in der Aufnahme schneller zu finden, protokollieren Sie den Zeitpunkt, zu dem der jeweils behandelte Tagesordnungspunkt beginnt und endet.

- **Zusammenfassung und Feedback.** Teilen Sie am Ende der Besprechung das Protokoll auf dem Bildschirm mit den Zugeschalteten. Fassen Sie noch einmal die Ergebnisse zusammen. Wichtig ist, dass nach der Besprechung alle wissen, welche Themen zu bearbeiten sind. Gehen Sie die Aufgaben und Maßnahmen kurz durch und klären Sie mit den betroffenen Personen, ob die Arbeitsaufträge in dem vorgegebenen Rahmen zu leisten sind. Arbeiten Sie eventuelle Änderungen gleich in das Protokoll ein.

  Betrachten Sie gemeinsam mit den Teilnehmenden den Besprechungsverlauf im Hinblick auf den Umgang miteinander. Gehen Sie dazu auf die Metakommunikationsebene. Die Teilnehmenden lösen sich dabei von den fachlichen Fragen und thematisieren die Kommunikation innerhalb des Teams. Dies ist ein gutes Mittel, um Kommunikationsstörungen in der Gruppe zu identifizieren. Denn fehlender direkter Kontakt kann zu unbemerkten Konflikteskalationen führen.

  Bedanken Sie sich bei allen Teilnehmenden für ihre Beiträge und Ideen.

- **Abschlussarbeiten (Follow-up).** Speichern Sie das Protokoll und die dazugehörigen Dokumente an dem entsprechenden Ort Ihrer gemeinsamen Dateiablage. Tragen Sie alle im Meeting vereinbarten Termine in den gemeinsamen Teamkalender ein.

CHECKLISTE – VIRTUELLE TEAMBESPRECHUNGEN ERFOLGREICH MODERIEREN

Das sollten Sie in virtuellen Besprechungen beachten:		
1.	Beginnen und beenden Sie die Besprechung pünktlich. Bei internationalen Teams ist die Zeitverschiebung zu berücksichtigen.	☐
2.	Bitten Sie die Zugeschalteten, die Kamera einzuschalten und stellen Sie die Galerieansicht ein.	☐
3.	Machen Sie eine kurze Vorstellungsrunde, falls sich die Teilnehmenden noch nie getroffen haben. Jede Person stellt sich selbst vor.	☐
4.	Weisen Sie das Team auf den gemeinsamen digitalen Ablageort hin, in dem sich die Besprechungsunterlagen befinden.	☐
5.	Fördern Sie die Diskussion im Team. Damit die Sprechbeiträge von allen gut verstanden werden, sollten alle etwas langsamer sprechen.	☐
6.	Achten Sie darauf, dass die Sprechenden nicht zu lange Vorträge oder Monologe halten.	☐
7.	Binden Sie die passiven und stillen Teilnehmer/-innen ein und fragen Sie gezielt nach deren Meinung. Sonst gehen vielleicht wertvolle Ideen und Gedanken verloren.	☐
8.	Visualisieren Sie während der Besprechung die Arbeitsvorgänge und Ergebnisse durch Screensharing.	☐
9.	Nutzen Sie digitale Tools, die die Kreativität fördern und/oder das »Weiterdenken« anregen.	☐
10.	Planen Sie für längere Teambesprechungen (ungefähr ab 45 Minuten) Pausen ein.	☐
11.	Fassen Sie zum Schluss der Besprechung die Ergebnisse mithilfe des live erstellten Protokolls kurz zusammen und holen Sie sich die Genehmigung des Teams ein.	☐
12.	Reflektieren Sie mit den Teilnehmenden den Besprechungsverlauf auf der Metaebene.	☐

Virtuelle Teambesprechungen vorbereiten und durchführen

One-to-many- und Many-to-many-Kommunikation

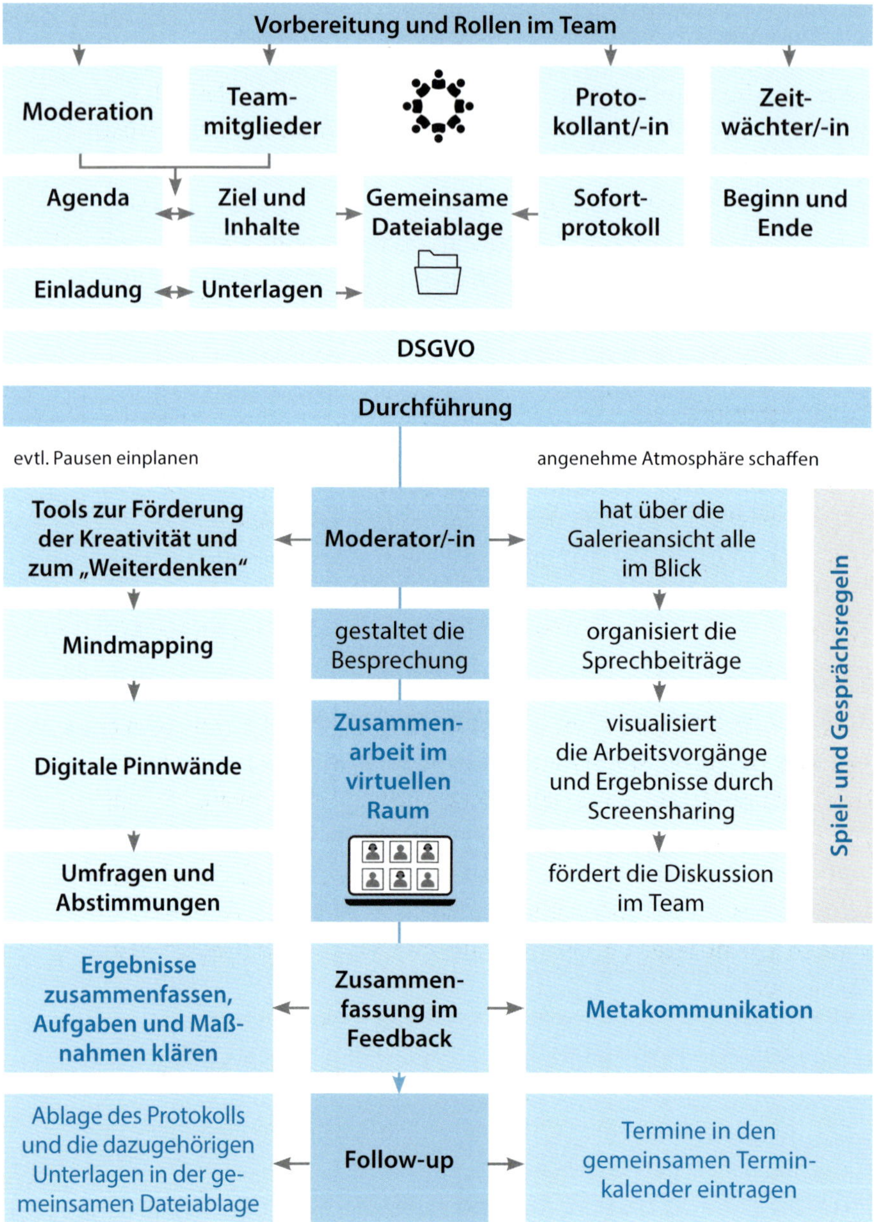

4.5 Informellen Austausch organisieren

Trotz vieler gut funktionierender virtueller Welten ist der direkte Austausch im Büro nach wie vor wichtig. Ideal ist die Hybridarbeit, was aber für dezentral organisierte Teams oft nicht machbar ist. Deshalb sollten Möglichkeiten zufälliger Begegnungen und soziale Kontakte in den digitalen Berufsalltag eingeplant werden, um das Gemeinschaftsgefühl zu fördern. Langfristig kann fehlender Kontakt zur Isolation und zu geringerer Identifikation führen. In internationalen Teams könnte es auch zu kulturellen Missverständnissen kommen.

Folgende Beispiele zeigen, wie Sie das persönliche Miteinander fördern können:

Daily-Stand-up. Das Team trifft sich zu Beginn eines Arbeitstages für 15 Minuten in einer Videokonferenz. Jedes Teammitglied berichtet, wie es ihm geht, welche Aufgaben zu erledigen sind und welche Herausforderungen es derzeit gibt. Gerade bei dezentral organisierten Teams fallen die informellen Gespräche und die kurzen Unterhaltungen auf dem Flur weg und damit Möglichkeiten, die sozialen Bindungen zu stärken.

Virtuelle Kaffeerunden. Im Gegensatz zu den Daily-Stand-ups dienen die digitalen Kaffeerunden dem informellen Austausch, der sonst analog in der Kaffeeküche stattfindet. Jedes Thema ist willkommen. Dazu richten Sie auf Ihrer Plattform einen Kanal ein, in dem sich die Kolleginnen und Kollegen treffen und persönliche Fotos oder Memes (engl. interessante witzige Bilder, Videos o. Ä.) einstellen können. Formulieren Sie eine freundliche Einladung und informieren Sie das Team.

Beispiel:
Hallo alle zusammen,
sie ist eingerichtet: unsere virtuelle Kaffeebar. ☺ Täglich von 12:00 bis 13:00 Uhr ist sie geöffnet. Wer Lust und Zeit hat, kommt einfach dazu. Fotos oder Memes sind ebenfalls willkommen.
Ich freue mich auf euch und eure Neuigkeiten.

Liebe Grüße

Ad-hoc-Besprechungen. Kurz etwas klären oder nachfragen, dazu eignen sich Ad-hoc-Besprechungen. Dezentrale Teams arbeiten in der Regel auf einer Kollaborationsplattform, auf der Funktionen wie Videogespräch oder Chat integriert sind. Es ist auch sichtbar, wer gerade online ist und spontan zu einem Chat oder Videogespräch eingeladen werden könnte. Sollten sich während der Besprechung wichtige Ergebnisse im Chat ergeben, kann der Chatverlauf als Protokoll am gemeinsamen Dateiablageort an das dazugehörige Dokument digital angeheftet werden.

After-Work-Treffen. Sich virtuell abends beispielsweise zu einem Spieleabend verabreden, das kann helfen, die fehlende physische Distanz auszugleichen. Berufliche Themen sollten dabei nicht besprochen werden. Das Team soll vielmehr die Gelegenheit nutzen, die Kolleginnen und Kollegen auch von einer ganz anderen Seite kennenzulernen. After-Work-Treffen sind auch besonders gut geeignet, um sich mit anderen Teams oder Mitarbeitenden zu treffen.

Umfrage zur Zufriedenheit der Beschäftigten. Über Umfragetools (z. B. ParrotPolls; in Slack, Trello oder Asana) kann die Zufriedenheit der Mitarbeitenden erfragt werden. Mit den Tools lässt sich ein schnelles Feedback über die aktuelle Stimmung und Zufriedenheit der Beschäftigten einholen. Die Anonymisierung der Daten ist in manchen Programmen standardmäßig eingestellt. Die Ergebnisse werden visualisiert und allen Beteiligten zugänglich gemacht.

5

Das Team gut organisieren

5.1 Virtuelle Strukturen entwickeln

Pull statt Push

5.2 Werkzeuge zur erfolgreichen Zusammenarbeit

Unterhaltungen

Termine und Aufgaben

5.3 Teamablage organisieren

Persönliche Ablage und Teamablage

5.4 Teamablage entwickeln

Spielregeln zur Dateiablage

Ablagestruktur im Teambereich

Vorschau

Gemeinsame Aufgaben managen mit einem passenden digitalen Tool

Planen

↓

Nachverfolgen

↓

Ausführen

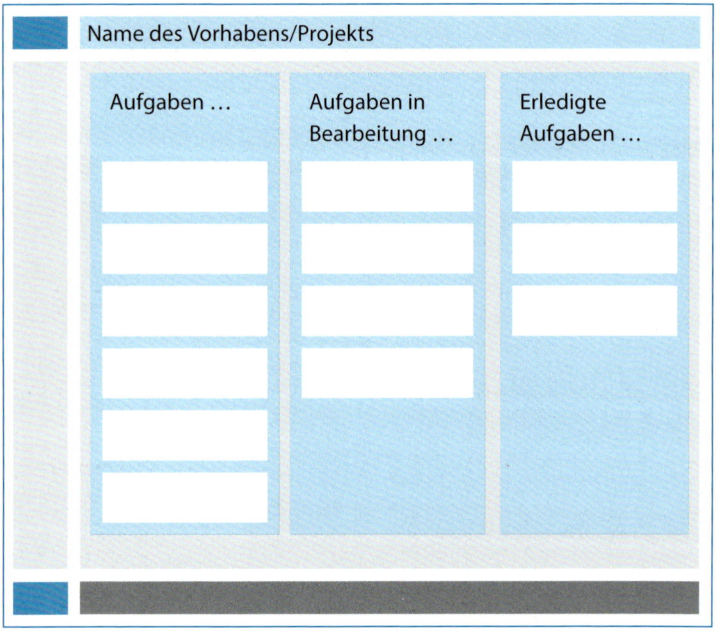

- Aufgaben Personen zuordnen
- Dateien anhängen
- Erledigungstermine überwachen
- Kommentieren
- Aktivitäten überwachen

Gemeinsame Aufgaben managen mit einem passenden digitalen Tool

Audiokonferenz	Videokonferenz	Chat	Whiteboard	Befragungen	Auswertungen
Bildschirmsharing	Gruppenarbeitsräume	Wikis	Projektplanung	persönliche Notizbücher	gemeinsame Notizbücher
Textverarbeitung	Tabellenkalkulation	Präsentationen	E-Mail	Aufgaben	Termine

↓

Informationen aufbewahren im DMS oder ECM

Vorgangsorientierung

1. Ebene

0
1
2
3
4
5
6
7
8
9

2. Ebene

2-0
2-1
2-2
2-3
2-4
2-5
2-6
2-7
2-8
2-9

Ordnerstruktur

starre Suche nach Dokumenten

Dokumentorientierung

Metadaten

z. B.

- Erstellungsdatum
- Autor
- Dateiformat
- Dateigröße

flexible Suche nach Dokumenten

Ein gut organisiertes Team braucht ein virtuelles Projektbüro, das so eingerichtet werden kann, wie es die Arbeitsaufgabe erfordert. Die technologische Grundlage dafür bietet eine Kommunikations- und Kollaborationsplattform (z. B. Microsoft Teams, Google Workspace, Facebook Workplace), in die verschiedene Groupware- und Social-Software-Anwendungen sowie Tools zur Kommunikation, Dateiablage, Wissensspeicherung, Protokollierung, Projektplanung u. v. m. integriert werden können.

5.1 Virtuelle Strukturen entwickeln

Eine Plattform – abhängig von den Anbietern – integriert eine Vielfalt von Programmen (z. B. in Microsoft Teams lassen sich Excel, Word, PowerPoint, OneNote, Yammer, Flow, Planner, Sharepoint, OneDrive u. v. m einbinden), was es nicht einfach macht, die richtige Auswahl für die anstehenden Aufgaben zu treffen.

Kommunikations- und Kollaborationsplattformen
zur digitalen Zusammenarbeit
in Unternehmen/Organisationen

interne Kommunikation
Zusammenarbeit und Kontaktpflege
Austausch von Informationen
kooperative Bearbeitung von Dokumenten
gemeinsame Projektplanung
z. B.
↓

Interne Kanäle

Audio-konferenz	Video-konferenz	Chat	White-board	Befragun-gen	Aus-wertungen
Bildschirm-sharing	Gruppen-arbeits-räume	Wikis	Projekt-planung	persön-liche Notiz-bücher	gemein-same Notiz-bücher
Textver-arbeitung	Tabellen-kalkulation	Präsenta-tionen	E-Mail	Aufgaben	Termine

Die täglich an unterschiedlichen innerbetrieblichen Orten angefallenen Daten und Informationen lassen sich dort zusammentragen und austauschen.

↕

Dateiablage

(offen, teilweise offen, geschlossene Dateiorganisation)

persönliche Dateiablage	gemeinsame Dateiablage

Die zentrale Dateiablage einer Organisation kann offen, teilweise offen oder geschlossen gestaltet werden:

- **Offene Dateiorganisation.** Alle Dateien liegen auf der Plattform. Die Teammitglieder können auch mit externen Partnern an den Dokumenten zusammenarbeiten.
- **Teilweise offene Dateiorganisation.** Die Plattform wird zur Information, Kommunikation und für die interne Dateiablage genutzt. Die Zusammenarbeit mit externen Partnern ist nicht erlaubt.
- **Geschlossene Dateiorganisation.** Die Plattform wir ausschließlich zur Information und Kommunikation genutzt. Die Dateiablage erfolgt z. B. in einem virtuellen Datenraum. Dies wird bei Unternehmen mit sehr hohen Compliance-Anforderungen praktiziert.

Eine große Herausforderung im Büro ist es, mit einer steigenden Informationsmenge zurechtzukommen. Vor allem auch wenn es darum geht zu unterscheiden, welcher Content für welche Aufgabenlösungen relevant ist. Die Qualität und Relevanz für die jeweilige Aufgabenstellung müssen die Teammitglieder mit ihren unterschiedlichen Expertisen feststellen und einordnen.

Durch die Remotearbeit hat eine rasante Fragmentierung des Informationsmanagements stattgefunden. In der Zusammenarbeit werden häufig Dokumente kopiert und liegen in unterschiedlichen Versionen an unterschiedlichen Orten. Die Gefahr der Intransparenz steigt. Zugriffsrechte auf Dokumente sind oft unpräzise und schwer steuerbar.

Hinzu kommt die gesetzliche Aufbewahrungsfrist von Unterlagen nach dem Handelsgesetzbuch (HGB), der Abgabeordnung (AO), dem Umsatzsteuergesetz (UStG) und der GoBD (= Grundsätze zur ordnungsgemäßen Führung von Büchern, Aufzeichnungen und Unterlagen in elektronischer Form sowie zum Datenzugriff). Alle elektronischen Belege (z. B. Rechnungen) sind auch elektronisch zu archivieren. Danach sind Handelsbriefe (z. B. Geschäftsbriefe) sechs Jahre und Belege (z. B. Rechnungen) zehn Jahre aufzubewahren. Die Aufbewahrungsfrist beginnt mit dem Schluss des Kalenderjahres, in dem das Dokument entstanden ist.

Um dies alles erfolgreich zu steuern, sollten Sie folgende Bereiche in Ihre Überlegungen bei Auswahl der passenden Software einbinden:

- **Plattformen/Systeme, die Dokumente managen, z. B.**
  zur Kommunikation und Kollaboration im Team: Eine Kommunikations- und Kollaborationsplattform (z. B. in Microsoft Teams: Audio- und Videokonferenz, Bildschirmsharing, Chatfunktion, Whiteboard, Wikis) zum schnellen Austausch im Team.
  zur Organisation und Archivierung von Dokumenten und Prozessen: Je nach Anforderungen ein Enterprise-Content-Managementsystem (ECM), Dokumentenmanagementsystem (DMS), Enterprise-Resource-Planning-Systeme (ERP).

zum Informationsmanagement: Eine Content-Services-Plattform, die alle Informationen einer Organisation – ganz gleich wo sie entstehen – unter einer Oberfläche integriert.

- **idealerweise in die genutzte Plattform / in das System integrierte Anwendungen, z. B.**
  E-Mail (z. B. Outlook)
  Termin- und Aufgabenverwaltung (z. B. Outlook)
  persönliche und gemeinsame Notizbücher (z. B. OneNote)
  Projektplanung (z. B. Planner)
  persönliche Dateiablage (z. B. OneDrive)
  gemeinsame Dateiablage (z. B. SharePoint)

- **Vernetzung mit allen Geräten für das mobile Arbeiten:**
  Desktop
  Web
  Mobile Apps

Es gibt eine ungebrochen wachsende Anzahl an Software, die verspricht, sämtliche Probleme im Büromanagement zu lösen. Die richtige Auswahl wird zur Herausforderung. Die perfekte Lösung gibt es selten. Hinzu kommt, dass wir uns in einer Umbruchzeit befinden. Hybridwelten entstehen und oft fehlt eine klare Strategie. Nur wenn die genutzten Anwendungen den individuellen und betrieblichen Bedürfnissen entsprechen, kann effizient gearbeitet werden. Die Digitalisierung muss passen.

Auf Plattformen (z. B. Teams) lassen sich die Aktivitäten innerhalb einer Organisation teamorientiert bündeln. Jedem eingerichteten Team stehen zur Erledigung seiner Aufgaben unterschiedliche Aktivitäten zur Verfügung. Statt Ordner erstellen Sie in Ihrem Teambereich Kanäle für unterschiedliche Themenkreise. Zur Grundausstattung eines Teambereichs gehören z. B. Unterhaltungen per Chat, Videokonferenzen, Telefonkonferenzen, Dateiablage und Wikis. Nach Bedarf können weitere Tools (z. B. Notizbücher, Projektmanagement, Mindmapping-Tools, To-dos) im Teambereich ergänzt werden.

Pull statt Push

Das Arbeiten nach dem **Push-Prinzip** bedeutet, dass alle Informationen z. B. per E-Mail hin und her geschickt und zeitversetzt bearbeitet werden. Gerade in der Teamkommunikation hat das viele Nachteile: hoher Zeitaufwand, Datenredundanzen entstehen, verschiedene Endversionen von Arbeitsergebnissen sind im Umlauf u. v. m.

Beim **Pull-Prinzip** findet die Kommunikation in einem Teamkanal statt. Alle Informationen, die das Team und das Thema betreffen, werden dort gesammelt und stehen jedem Teammitglied in Echtzeit auf allen genutzten Geräten (Desktop, Smartphone, Tablet, Notebook) zur Verfügung. Die Teammitglieder holen sich dort die Informationen zeit- und ortsunabhängig ab. Das entlastet das elektronische Postfach erheblich. Die Zugriffsrechte werden nach Bedarf eingerichtet.

Die Auswahl der Anwendungen für die Zusammenarbeit hängt generell davon ab,

- wie das Team bisher gewohnt ist zusammenzuarbeiten.
- welche Tools zur Lösung der Teamaufgaben geeignet sind, um auch effizientes und entspanntes Arbeiten zu fördern.
- welche Funktionen die Tools brauchen, damit das Team on-, offline und hybrid zusammenarbeiten kann.

5.2 Werkzeuge zur erfolgreichen Zusammenarbeit

Im Kapitel 2 »Sich selbst organisieren« haben Sie die Werkzeuge für ein gelungenes Büromanagement rund um Ihren Schreibtisch kennengelernt. In diesem Kapitel geht es darum, wie Sie im Team erfolgreich zusammenarbeiten.

Kommunikations- und Kollaborationsplattformen bilden die Grundlage für die Zusammenarbeit in Team. Sie ermöglichen sozusagen »soziales Netzwerken« innerhalb einer Organisation. Die Beschäftigten können ortsunabhängig auf der Plattform arbeiten. Die

Kommunikation unter den Mitarbeitenden wird dadurch schneller und weniger formell. Es entwickeln sich zunehmend flachere Hierarchien. Die Möglichkeiten, bei denen Informationen entstehen, sind vielfältig. Die Informationen lassen sich zwar zu Themen und Projekten bündeln, doch ohne konkrete Absprachen entsteht »Wildwuchs«.

Folgende Fragen helfen Ihnen, in Ihrem Teambereich ein funktionierendes System zu entwickeln:

- Wer ist im Team zuständig für die Datenpflege?
- Welche Zugriffsrechte müssen evtl. eingerichtet werden oder gibt es ein Berechtigungskonzept?
- Welche Informationen gehören wohin?
- Wie können die Aufgaben und der Fortschritt im Arbeitsprozess sichtbar gemacht werden?
- Wer ist für die Auswertung der Informationen nach Abschluss der gemeinsamen Arbeit verantwortlich?
- Wer archiviert entstandenes Wissen?

Unterhaltungen

Unterhaltungen werden nicht mehr ausschließlich über das Telefon geführt. Der schnelle digitale Austausch in Echtzeit ist nicht nur privat, sondern auch beruflich sehr beliebt. Mit folgenden Tools können Sie digitale Unterhaltungen unterschiedlicher Art führen:

- Chatkanäle (z. B. Teams, Slack, Workplace),
- Instant-Messenger (z. B. Skype, Hangouts, iMessage),
- Telefonieren über das Internet mit der VoIP-Technik (Abk. für Voice over IP) und
- Videokonferenzsysteme (z. B. Zoom, Webex, Cisco)

Viele dieser Anwendungen bieten alle Funktionen in einem Tool oder sind in eine Plattform integriert. Mit Kopfhörer, Mikrofon und Kamera können Sie direkt am PC telefonieren und Videochats durchführen (siehe S. 180). In Unternehmen und Organisationen sind die Vorgaben des Datenschutzes und der Datensicherheit zu berücksichtigen.

Termine und Aufgaben

Gemeinsame Terminverwaltung. Die Oberfläche des Terminkalenders sollte klar strukturiert und intuitiv bedienbar sein. Auch hier gilt der Grundsatz »Jede Person führt nur einen Terminkalender!« Durch die Funktionen »Kalender teilen oder freigeben« können mehrere getrennte Kalender gemeinsam genutzt werden. Günstig ist, wenn sich die Termineintragungen farblich kategorisieren und sortieren lassen. Dazu sollte ein gemeinsames Farbkonzept erstellt werden. Mit verschiedenen Zugriffsrechten bleiben die Privatsphäre und der Datenschutz gewahrt.

Für Terminabstimmungen mit externen Partnern können webbasierte Tools (wie z. B. beta.doodle, omnipointment, calendly) eingesetzt werden.

Gemeinsame Aufgabenverwaltung. Um die komplexen Aufgaben eines Teams zu planen, stößt man mit einer herkömmlichen To-do-Liste schnell an seine Grenzen. Tools, wie z. B. Planner oder Trello, unterstützen Sie und Ihr Team bei der Planung, Nachverfolgung und Ausführung von Aufgaben.

Für ein Vorhaben oder Projekt legen Sie ein Board an, auf dem sich Listen und Karten befinden. Jede Liste trägt einen Titel. Das Board kann nur für das Team oder für alle einsehbar eingerichtet werden.

Im folgenden Beispiel beginnen wir mit einer Liste, die die **zu erledigenden Aufgaben** enthält. Die zweite Liste zeigt die sich **in Bearbeitung befindlichen Aufgaben** und die dritte Liste die **erledigten Aufgaben**. Auf einer Liste befinden sich die sogenannten Karten, auf denen Sie die Aufgaben verwalten, verfolgen oder teilen. Jede Karte trägt den Titel der Aufgabe und kann der zuständigen Person oder mehreren Personen zugeordnet werden. Durch Farben lassen sich die Aufgaben strukturieren und kategorisieren. Innerhalb einer Aufgabe können Sie bei Bedarf eine Checkliste für Unteraufgaben erstellen und ein Fälligkeitsdatum zuweisen. Wollen Sie Dateien, die auf Ihrem PC oder in einer Cloud gespeichert sind, direkt in der Aufgabe griffbereit haben, können Sie diese als Anlage einer Karte anheften. Die Karten lassen sich nach Bedarf verschieben.

Beispiel:

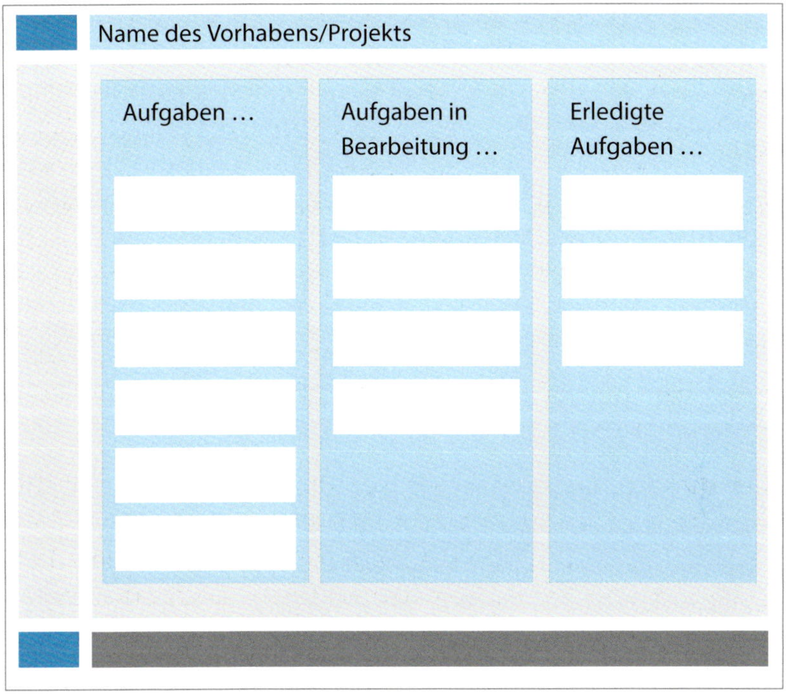

Weitere Funktionen, die die Aufgabenverwaltung im Team unterstützen:

- Benachrichtigung bei Änderungen
- nachträgliches Hinzufügen und löschen von Personen
- Protokoll über alle Aktivitäten der Nutzerinnen und Nutzer des Boards
- Berechtigungen zur Bearbeitung von Inhalten
- aufgabengebundene Kommentarfunktion
- Titelbild für die Aufgabe
- Archivieren und löschen von Aufgaben

Da häufig an unterschiedlichen Geräten (z. B. PC, Notebook, Smartphone oder Tablet) gearbeitet wird, ist eine schnelle und verlässliche Synchronisation der Termine und Aufgaben auf allen Geräten eine wichtige Anforderung an ein Tool.

5.3 Teamablage organisieren

Je nachdem, welche Software Sie nutzen, können Sie Ihre Dateien auf dem Server Ihrer Organisation oder in einer Cloudanwendung ablegen und organisieren. Die meisten Plattformen werden von den Anbietern auf die individuellen Bedürfnisse der Organisationen zugeschnitten. ECM (Abk. für **E**nterprise-**C**ontent-**M**anagementsystem), DMS (Abk. für **D**okumenten**m**anagement**s**ystem) oder ERP (Abk. für **E**nterprise-**R**esource-**P**lanning-System) sind keine geschützten Begriffe und können je nach Softwareanbieter unterschiedliche Funktionen enthalten.

ECM und DMS beispielsweise ermöglichen eine rechtskonforme Ablage von Dokumenten, Daten und Informationen. Über spezielle Verschlüsselungstechniken und die Vergabe von Zugriffsrechten sind die Daten geschützt. Zur Bearbeitung wird ein Dokument aus dem System ausgecheckt und beim Einchecken automatisch versioniert. Wer das Dokument auscheckt, ist für alle Nutzer/-innen sichtbar. Bis das Dokument wieder eingecheckt wird, steht es anderen berechtigten Nutzenden »nur lesend« zur Verfügung. Eine konsequente automatische Versionierung beispielsweise mit Nummern macht die Bearbeitung eines Dokuments lückenlos nachvollziehbar. Office-Anwendungen (z. B. E-Mail, Textverarbeitung, Tabellenkalkulation und Präsentationen) lassen sich in die Oberflächen integrieren. Nach Dokumenten kann z. B. mit Stichworten direkt im Dokument, einem bestimmten Datum oder Dateityp gesucht werden. Die Geschäftsprozesse und Workflows einer Organisation lassen sich in einem ECM digital gut abbilden und integrieren.

Eine professionelle Lösung für die Dateiablage ist ein DMS oder ein ECM. Sie können sowohl **vorgangsorientiert** als auch **dokumentorientiert** organisiert sein.

- **Vorgangsorientierung.** Bei der Vorgangsorientierung werden die Dokumente in einer Baumstruktur angezeigt. Das DMS oder ECM arbeitet mit seinen intelligenten Funktionen professionell im Hintergrund, z. B. obwohl jede Datei nur einmal im

System ist, kann sie in mehreren Ordnern angezeigt werden, ohne dass eine Datenredundanz entsteht. Dadurch bleibt der innere Zusammenhang erhalten und die Nutzerinnen und Nutzer können sich schnell einen Überblick über einen Vorgang verschaffen, was der Arbeitsweise des menschlichen Gehirns sehr entgegenkommt.

- **Dokumentorientierung.** Anders ist das bei der Dokumentorientierung. Hier liegen alle Dokumente sozusagen in einem großen »Sack«. Das Filtern der Dokumente, die zu einem bestimmten Vorgang gehören, geschieht über die **Metadaten**. Das gelingt mehr oder weniger gut: Es hängt davon ab, wie die Nutzerinnen und Nutzer beim Ablegen der Dokumente die passenden Metadaten zuweisen. Metadaten sind Dokumenteigenschaften. Einem Dokument können mehrere Eigenschaften zugewiesen werden, was die Suche nach Dokumenten sehr flexibel gestaltet. Im Gegensatz dazu muss man sich bei einer Ordnerstruktur für einen Ordner entscheiden.

Metadaten kennzeichnen und beschreiben Dokumente. Grundsätzlich kann jede Organisation und jedes Team, die für sie relevanten Identifizierungs- und Klassifizierungsmerkmale nach den eigenen Bedürfnissen gestalten. Es ist nicht mehr erforderlich, die Metadaten in Dateinamen aufzunehmen. Es können grundsätzlich zwei Gruppen von Metadaten unterschieden werden:

- **Metadaten, die das Dokument beschreiben.** Das sind die sogenannten Attribute, wie z. B. Erstellungsdatum, Autor/-in, Dateiformat, Dateigröße, die sich automatisch in der Dateiinformation befinden.
- **Metadaten, die den Dokumentinhalt beschreiben.** Das sind ausgesuchte Schlagwörter zum Inhalt, nach denen klassifiziert werden kann, z. B. Anfrage, Angebot, Rechnung, Rechnungsnummer, Kundennummer.

Die Suche nach einem Dokument ist nach jedem Suchkriterium (z. B. Kund/-in, Vorgang, Beleg) möglich. Der Zugriff auf die Dokumente ist über die Zugriffsrechte geregelt. Personen, die keine Zugriffsberechtigung haben, erhalten als Suchergebnis nur die Dateien, für die sie eine Berechtigung besitzen.

Metadaten, die das Dokument beschreiben:

z. B.

- Erstellungsdatum: 20..-04-30
- Autor: Mia und Max Muster
- Dateiformat: Word-Dokument .docx
- Dateigröße: 20 KB

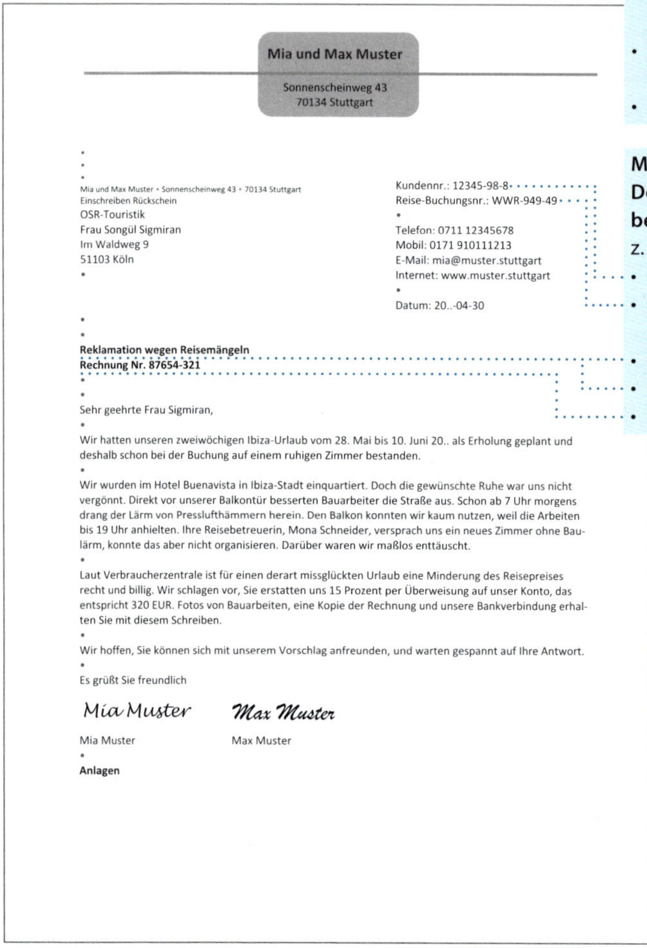

Mia und Max Muster

Sonnenscheinweg 43
70134 Stuttgart

Mia und Max Muster • Sonnenscheinweg 43 • 70134 Stuttgart
Einschreiben Rückschein
OSR-Touristik
Frau Songül Sigmiran
Im Waldweg 9
51103 Köln

Kundennr.: 12345-98-8
Reise-Buchungsnr.: WWR-949-49

Telefon: 0711 12345678
Mobil: 0171 910111213
E-Mail: mia@muster.stuttgart
Internet: www.muster.stuttgart

Datum: 20..-04-30

Reklamation wegen Reisemängeln
Rechnung Nr. 87654-321

Sehr geehrte Frau Sigmiran,

Wir hatten unseren zweiwöchigen Ibiza-Urlaub vom 28. Mai bis 10. Juni 20.. als Erholung geplant und deshalb schon bei der Buchung auf einem ruhigen Zimmer bestanden.

Wir wurden im Hotel Buenavista in Ibiza-Stadt einquartiert. Doch die gewünschte Ruhe war uns nicht vergönnt. Direkt vor unserer Balkontür besserten Bauarbeiter die Straße aus. Schon ab 7 Uhr morgens drang der Lärm von Presslufthämmern herein. Den Balkon konnten wir kaum nutzen, weil die Arbeiten bis 19 Uhr anhielten. Ihre Reisebetreuerin, Mona Schneider, versprach uns ein neues Zimmer ohne Baulärm, konnte das aber nicht organisieren. Darüber waren wir maßlos enttäuscht.

Laut Verbraucherzentrale ist für einen derart missglückten Urlaub eine Minderung des Reisepreises recht und billig. Wir schlagen vor, Sie erstatten uns 15 Prozent per Überweisung auf unser Konto, das entspricht 320 EUR. Fotos von Bauarbeiten, eine Kopie der Rechnung und unsere Bankverbindung erhalten Sie mit diesem Schreiben.

Wir hoffen, Sie können sich mit unserem Vorschlag anfreunden, und warten gespannt auf Ihre Antwort.

Es grüßt Sie freundlich

Mia Muster Max Muster

Mia Muster Max Muster

Anlagen

Metadaten, die den Dokumentinhalt beschreiben:

z. B.

- Kundennnummer
- Reise-Buchungsnummer
- Reklamation
- Reisemängel
- Rechnung

Das Dokument kann über die angelegten Metadaten gesucht und gefunden werden.

Organisationen, die mit einem DMS oder ECM arbeiten, nutzen meistens selbstdefinierte Metadaten, die ihren Bedürfnissen entsprechen. Diese ergeben sich aus der Art der Dokumente, den Geschäfts- und Organisationsprozessen. Ideal ist eine Plattform, die sowohl eine vorgangsorientierte als auch eine dokumentorientierte Organisation von Dateien ermöglicht.

Persönliche Ablage und Teamablage

Unabhängig von der genutzten Software gibt es immer eine **persönliche Dateiablage** und eine **Teamablage**. Im persönlichen Bereich sollten nur die für die jeweilige Person relevanten Dateien liegen, die für das Team keinen oder noch keinen Wert haben. Alles, was für die gemeinsame Teamarbeit notwendig ist, muss sich in der gemeinsamen Dateiablage befinden. Daten und Dokumente, die das Team **während** eines Vorhabens erstellt, liegen in der Teamablage. Für diese kann ein Team nach seinen Bedürfnissen eine Struktur bestimmen. Zur Suche und Sortierung der Dateien können Metadaten genutzt werden. Ist das Vorhaben/Projekt abgeschlossen, wird geprüft, welche Daten und Dokumente aufzubewahren sind. Die aufzubewahrenden Unterlagen werden langfristig in elektronischen Archiven (z. B. im DMS oder ECM) gespeichert und stehen allen Nutzerinnen und Nutzern mit entsprechenden Zugriffsrechten zur Verfügung.

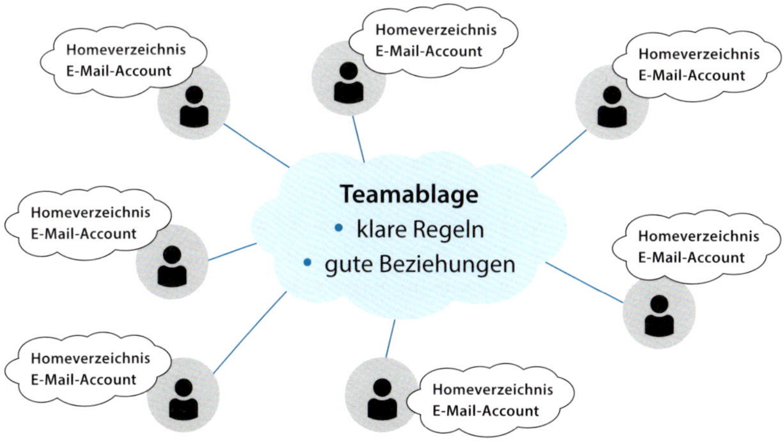

Beispiel:

ABLAGE	SERVER	CLOUD
Persönliche Ablage	Homeverzeichnis (z. B. Explorer)	z. B. OneDrive
Teamablage	gemeinsames Laufwerk	z. B. SharePoint
Ablegen und Suchen	**vorgangsorientiert** über die Baumstruktur mit Ordnern und Unterordnern	**dokumentorientiert** über Metadaten (Dokumenteigenschaften)

5.4 Teamablage entwickeln

Abhängig von der eingesetzten Plattform oder dem System zur Dateiorganisation können Sie eine übersichtliche Teamablage mit einer schlanken Ordnerstruktur erstellen und die intelligenten Funktionen mit Metadaten nutzen.

Falls Sie noch keine Plattform oder ein elektronisches System zur Dateiorganisation nutzen, ist eine hierarchisch strukturierte Ablage von Dokumenten im Betriebssystem eine Zwischenlösung. Nachteilig ist beispielsweise, dass die Ordnerhierarchie zu starr ist und die Dokumente von den Nutzenden immer wieder falsch abgelegt werden, sodass Datenredundanzen entstehen. Bei einer Umstellung kann bei den meisten Dokumentenmanagementsystemen die geschaffene Ordnerstruktur fortgeführt werden, um den Mitarbeitenden die Umstellung zu erleichtern.

Analysieren Sie zunächst, welche Informationen innerhalb des Teams abgelegt werden. Vergessen Sie dabei nicht die persönliche Ablage und die E-Mail-Postfächer. Alle teamrelevanten Informationen werden in der gemeinsamen Ordnerstruktur gespeichert. Gleichen Sie Ihre Teamablage mit bestehenden Regelungen Ihrer Organisation ab.

Die tragenden Säulen eines guten Dateiablagesystems in einem Betriebssystem sind eine übersichtliche Ordnerstruktur (siehe S. 53) und ein gut durchdachtes System zur Dateibenennung (siehe S. 56). Das Fundament bilden die Spielregel, die beschreiben, was zu tun ist, damit die Dateien ohne großen Aufwand am richtigen Platz abgelegt und bei Bedarf wiedergefunden werden.

Säulen einer guten Ablagesystematik im Team

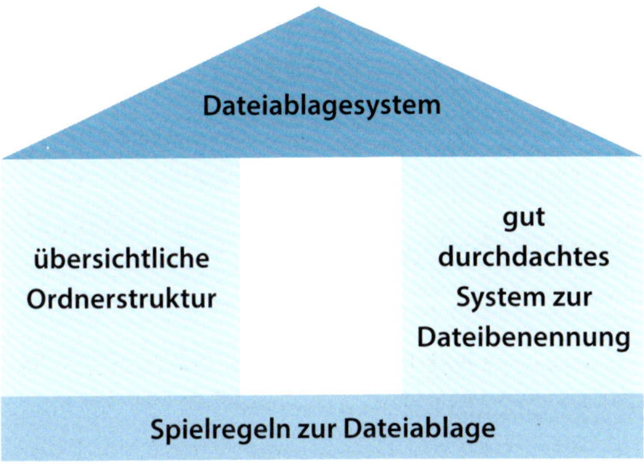

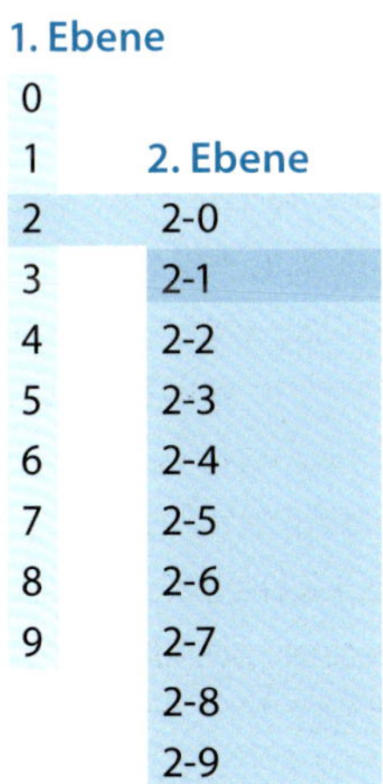

CHECKLISTE – TEAMORDNERSTRUKTUR		
So entwickeln Sie eine passende Ordnerstruktur für Ihr Team:		
1.	Bestimmten Sie die Ordner der 1. Ebene. Verwenden Sie für Ihre Ordner kurze treffende Bezeichnungen – wie Sie es auch bei einer papiergebundenen Ablage tun würden.	☐
2.	Gliedern Sie die Hauptordner nach Bedarf in weitere Unterordner auf der 2., 3. oder bis maximal 4. Ebene. Je weniger Ebenen Sie benötigen, umso übersichtlicher ist Ihre Ordnerstruktur. Nutzen Sie ein elektronisches System zur Dateiorganisation, sollten Sie maximal auf zwei Ebenen arbeiten.	☐
3.	Entwickeln Sie ein passendes System zur Dateibenennung (siehe S. 56) und/oder Regeln für die Vergabe von Metadaten.	☐
4.	Erarbeiten Sie gemeinsam im Team die Spielregeln für die Dateiablage.	☐

Spielregeln zur Dateiablage

Legen Sie maximal zehn Spielregeln fest. Formulieren Sie die Spielregeln verständlich, kurz und prägnant, sodass sie im Bearbeitungsprozess ohne Zögern angewendet werden können.

Beispiel:

Spielregeln zur Dateiablage

- Jeder hat so wenig individuelle Ablage wie möglich.
- **Mögliche Regeln zur Dateibenennung:**
  Dateinamen werden nach der Dreierformel (Thema, Anlass, Adressat) vergeben: BefoerderungBeurteilungMaier.docx.

  Besitzt ein abzulegendes Dokument ein Element der Dreierformel nicht, wird dieses einfach weggelassen.

  Die Umlaute ä, ö, ü und ß werden aufgelöst.

- **Mögliche Regel zu Metadaten:**

  Neu erstellte Dokumente müssen über das Eingabefeld mit treffenden Schlagwörtern und Dokumenteneigenschaften (z. B. Projektnummer, Projektstatus, Projektmanager/-in, Projektphase, Datum, Thema, Kontaktperson) beschrieben werden.

- Neue Ordner auf der 1. und 2. Ebene werden nur nach Absprache im Team erstellt.
- Überflüssige Dateien werden regelmäßig gelöscht.

Ablagestruktur im Teambereich

Die Ablagestruktur im Teambereich sollte sich in maximal zwei Ebenen gliedern. Die Themenordner sind abhängig von Ihrem Vorhaben/Projekt und davon, wie die Dateien in Ihrem System organisiert sind. Durch die Nummerierung nach dem dekadischen Ordnungssystem (erste Ebene: 0 bis 9, zweite Ebene 00 bis 99) bleibt die Reihenfolge erhalten. Normalerweise haben alle Teammitglieder die gleichen Zugriffsrechte auf die Dokumente. Werden externe Partner mit eingebunden, sollte ein Berechtigungskonzept erarbeitet werden.

Beispiel:

Projektname
- 0-Projektdokumente
- 1-Projektteam
- 2-Projektplanung
- 3-Projektdurchführung
- 4-Projektabschluss

6

Fazit

Fazit

Unsere Arbeitswelt wird immer digitaler und agiler. Sie wird zunehmend geprägt durch Teamarbeit aber auch durch selbstbestimmtes und eigenständiges Handeln der Beschäftigten. Voraussetzung dafür ist ein an die agile Arbeitsweise angepasster Führungsstil, der den Teams bzw. den Personen die entsprechenden Handlungsräume aber vor allem Orientierung bietet.

Diese und andere Entwicklungen tragen dazu bei, dass sich die Art unserer Zusammenarbeit kontinuierlich verändert. Um eine uneingeschränkte sichere Kommunikation zu gewährleisten ist eine datenschutzkonforme digitale Vernetzung durch Plattformen, Apps und Tools notwendig, die einen grenzenlosen Kommunikations- und Informationsfluss gewährleisten. Dort wo im Moment noch hybride Lösungen praktiziert werden, laufen in absehbarer Zeit sämtliche Prozesse digital.

Die eingesetzten digitalen Werkzeuge müssen die Beschäftigten in ihrer Arbeit gezielt unterstützen. Ein Patentrezept gibt es dafür nicht. Es ist vielmehr zu prüfen, welche Tools zu den Personen und Aufgaben passen, sodass alle in ihrem Aufgabengebiet effizient bleiben. Durch die passende Arbeitsorganisation kann sehr viel Zeit gewonnen werden, was zu einer guten Work-Life-Balance führt und eine größere Zufriedenheit im Job bringt.

In der digitalen Arbeitswelt verändert sich die Kommunikationskultur sehr dynamisch. Der digitale Austausch wird direkter und schneller. Die E-Mail ist nicht mehr das alleinige Kommunikationsmittel. Messengerdienste, die alle aus dem Privatleben kennen, und Videokonferenzen gewinnen zunehmend im beruflichen Bereich an Bedeutung. Die aktive Präsenz der Unternehmen und Organisationen auf den Social-Media-Plattformen ist strategisch wichtig und erfordert ein professionelles Management. Kommunikationsstrategien werden immer bedeutender. Eine wertschätzende und zielführende Kommunikation ist die Grundvoraussetzung, um wenig Raum für Missverständnisse oder Fehlinterpretationen zu geben.

Steigende Datenmengen führen dazu, dass wir Strategien entwickeln müssen, wie wir Wissen verfügbar machen, um dabei nicht den Überblick zu verlieren. Im innerbetrieblichen Aufgabenmanagement bedeutet dies, dass die Nutzerinnen und Nutzer exakt die Informationen erhalten, die für sie relevant sind. Durch das gemeinsame Arbeiten an Wissensdokumenten werden Ideen und Gedanken gesammelt und bewertet, sodass mit der Zeit eine hochwertige Wissensbasis entsteht. Dies sind nur zwei Beispiele, die zeigen, wie komplex das Thema Wissen ist, das uns in Zukunft in allen Bereichen begleiten wird.

Trotz aller Entwicklungen steht der Mensch weiterhin im Mittelpunkt. Die beeindruckenden Chancen der Digitalisierung müssen richtig genutzt werden. Die virtuelle Kommunikation ist in vielen Fällen nützlich, sollte aber nicht ausschließlich stattfinden. Denn irgendwann brauchen alle wieder mehr Reales, was greifbar und spürbar ist.